CNR
中央人民广播电台
文艺之声 FM106.6

小青年 折腾吧

李峙 小马 等著

趁年轻，适度折腾

写给都市中奋力前行偶尔困顿的

中国出版集团
现代出版社

目　录

contents /

目　录

❷

contents /

目　录

❸

contents /

序

PREFACE

坚守与绽放

在这个凡是与创业沾边就热闹非凡的年代，一个叫做文艺之声的电台频率，这个频率里三十几个男男女女日复一日的工作，就显得有几分落伍与落寞。

我曾不止在一个地方被动地听各色人等对中国媒体人的非议，全然不顾我这个从大学毕业就扎进了媒体圈20多年老媒体人的感受。这几年，敲诈勒索、有偿新闻的帽子变戏法似地扣在一个个曾充满媒体理想的人的头上，不管是罪有应得，还是捕风捉影，真真是坐实了媒体人的所谓不堪。

在这样一个有些暗淡的氛围里，文艺之声的红男绿女，在全世界最严厉的安全播出标准之下，面对口味千变万化的听众，以及环伺周围兄弟电台充满寒气的绞杀，每天都能款款而来准时坐在听众面前，通过看不见的电波，呈现出一道又一道为你精心调制，让你会心一笑或勾起记忆的餐食，也许平常，但是熨贴，像是在家里喝着温温的白米粥。且长年如斯，不曾辍弃。

这是一种肃然让你升腾起敬意的坚守，是对职业的坚守，是对听众的坚守，是对自己内心理想的坚守。

这种坚守并不是固步自封，挥舞着长戟去守护世纪前的一个城堡。他们敏锐的思想、单纯的态度、创新的精神，让文艺广播焕发着挡不住的青春力量，突破着一些人对广播的偏狭认识，与听众一起触摸和感受世界的新鲜和美好。

与广播节目严格的运行流程和样态相比，文艺之声的当家人莫小姐和她的小伙伴们，创造了文艺日记本这种广播文体，或介绍一个文艺人物，或是一个文艺作品，或是一个艺术门类，文字不长，表达各异，深沉少有，感性十足，调皮和机灵闪烁其间，柔情与大胆寓于其中。

这分明是自由灵魂和天赋才华的绽放！在绚丽色彩和笔墨幽香中，一个个生动的富有活力和张力的形象跃然扑面，让你感觉到与话筒前不一样的他们。

就像这本集子的名字：折腾吧，小青年！青年，哪能不折腾？不折腾，谈何青年？

青年，落了家里家外一堆责任的一代，在坚守中折腾，在绽放中坚守，不容易，也最美丽。

那么，就请翻开第一页，与这些青年人在一起吧。最好，一边听着文艺之声，一边细细读着。

耳目聪明，自会有一份不一样的收获。

大龄文艺男青年　李涛

（中央人民广播电台 综艺节目中心主任）

2015 年 7 月 29 日

1

再不折腾就老了

远方，就是方向

静止的理想永不走样

做个节制又自由的张三

我想悄悄给你说的是，
趁年轻，适度折腾。
再不折腾，就老了。

电影《毕业生》：

——再不折腾就老了

文 / 李峙

之于电影《毕业生》
我们都是迟到的人
动荡的岁月
必然存在折腾的
青春

之于电影《毕业生》，我们都是迟到的人。

1967年，我们可能还是一粒尘埃，或者正在迷雾中进行着据说伟大的运动。在大洋彼岸的美国，那同样是一段动荡的岁月。反越战、嬉皮士、黑人解放运动、妇女解放运动……

动荡的岁月，必然存在折腾的青春。

我们要说的是，电影《毕业生》中男主角Ben的青青。

很多人知道电影《毕业生》，其实是因为*The Sound Of Silence*或者*Scarborough Fair*。单听这两首歌，美得一塌糊涂，你甚至可能会以为这部电影讲的是校园里的白衣飘飘以及毕业时的你侬我侬。

但电影看到一半，你就会有一种上当的感觉，甚至有想骂人的冲动：这哪里是在演毕业？分明就是一锅欲望的乱炖。

影片一开始，男主角Ben穿着昂贵又笨重的潜水服从屋里走出来，镜头以他的视角向外。他举步维艰，呼吸沉重，眼前是各种无声的挥手与微笑。他跌入水中，镜头里满是混浊的蓝色。他站在泳池底，一动不动地躲在水里。

这是他的毕业宴会。

而之后的情节，更是只能用“折腾”二字来形容。

用如今的标准衡量，Ben可以算是一个“富二代”。但在走出校门之后，他却发现自己什么都没有，连感情也是扭曲的。

在电影原声带中，有首歌叫*Mrs. Robinson*。这位Mrs. Robinson，就是Ben的青春劫数。

"Mrs. Robinson, you're trying to seduce me."

"Would you like me to seduce you? Is that what you're trying to tell me?"

这段台词所对应的，就是电影海报上的画面：女人撩人的腿，男人慌张的脸。Ben不知道是该拒绝还是接受，来自这个半老徐娘的引诱。

迷茫搅拌欲望，使得他最终在恍惚中接受。可是混乱后的不安，却如同蟒蛇一般将他缠绕。他在黑暗的房间，在漂浮的充气垫上，强颜欢笑又郁郁寡欢，坠入堕落，天旋地转。

然而，更让Ben感到恐惧的是，他同时又爱上了Mrs. Robinson的女儿Elaine。这份爱是货真价实的，但不可能得到Mrs. Robinson的认同。她在知道真相后坚决反对，并想尽办法拆散两人。

Ben终于找到机会向Elaine表白，并坦承自己的堕落，只是没说出那个夫人的名字。Elaine原谅了他，但Mrs. Robinson的震怒使Elaine猜到了一切，她伤心地决定与别人结婚。Ben得知这一消息，不顾一切地冲向教堂，二人开始了一场“说走就走的私奔”。

黄色的公车，诧异的乘客，最后一排的Ben和Elaine。他们先是兴奋地大笑，然后大笑变成微笑。最后，神色凝重，眼里全是慌张。

是的，爱情得到了。那，接下来呢？从此以后，王子和公主没有幸福地生活在一起，而是陷入了更深的迷茫。

如果《毕业生》生在这个商业片大行其道的年代，很可能会拍出123456789甚至更多。好在，一切就此打住。如何从青春的迷茫和躁动中“毕业”？只有劳烦各位看官自己去找答案了。

我们的毕业季可能没有这般辛辣刺激，但电影中的那股折腾劲儿，却是谁都曾体会过的。迷茫、狂躁、叛逆，以及欲望的蛊惑，这一切造就了一个个爱折腾的小青年。但后来，这些小青年都乖乖地向房子车子票子面子缴械投降。

其实，我想悄悄跟你说的是，趁年轻，适度折腾。

再不折腾就老了。

蔡蓝钦：静止的理想——永不走样

文/李峙

村上春树说，唯有逝者永远十七岁。
而之于花花世界里的追梦人，
唯有静止的理想永不走样。

在这个世界
有一点希望
有一点失望
我时常这么想

在这个世界
有一点欢乐
有一点悲伤
谁也无法逃开

我们的世界
并不像你说的真有那么坏
你又何必感慨

用你的关怀和所有的爱
为这个世界
添一些美丽色彩

——蔡蓝钦《这个世界》

知道蔡蓝钦这个名字的途径，大致可以分为三种：

第一种是因为张信哲、五月天、黄莺莺等人翻唱了他的这首《这个世界》；第二种是在翻看“台湾百佳唱片”时，在第27名的位置居然发现了一个没怎么听过的名字；第三种大概就是在听了很多歌以后，想找一些大多数人都没听过的。于是，就是他了——反正他永远不会再出专辑，也就不用担心水准会下降了。

是的，他已经离开了他歌里唱的“这个世界”，永远22岁。

破球鞋，大眼镜；身子有些瘦弱，骨子里却很要强。在台大上学时，打工、做家教、发传单，宿舍里收藏了一大堆价值不菲的原版唱片。

飞碟唱片发现了他，要他写歌录专辑，他却回答：“不要曝光，不要出名，不要压力。”那是一个神奇的年代，老板吴楚楚居然答应了这几个和音乐圈游戏规则截然相反的要求。

在“留一个纪念，证明对音乐的爱恋”这种念头的安抚下，这个不知天高地厚的新人又给唱片公司提出几个要求：不上电视，寒假录音，暑假出片。接着，他开始了年轻的生命最后的冲刺。

两个月时间里，蔡蓝钦基本完成了专辑中所有歌曲的创作。飞碟唱片也兑现了承诺，等到寒假才让他开始录音。但就在录音完成一周之后，蔡蓝钦因休克导致心脏麻痹，最终没能看到自己的第一张也是最后一张唱片发表。

1987年夏天，“台大机械系三年级学生”蔡蓝钦的首张专辑发表。所有歌曲的音乐录影带里都没有歌手的身影，但专辑还是创造了十五万张的销售成绩，名列年度十大。

关于这个理想主义学生仔的故事，到这里就快讲完了。如果他还在，现在五十岁。他可能出了很多专辑，获得很多奖项，成了这个教父那个评审。有人在赞美追随，有人在批判唾弃。也很有可能，他早已不再理想主义。

而这一切的“可能”，都在1987年的情人节那天戛然而止。

村上春树说，唯有逝者永远十七岁。而之于花花世界里的追梦人，唯有静止的理想永不走样。

折腾吧！加州梦

文/李峙

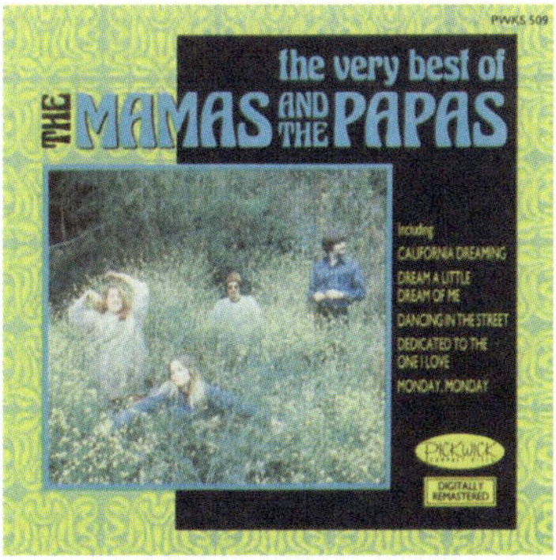

再次翻看
这满溢阳光和梦想的
歌词
五十年，恍如梦一场

提到The Mamas & the Papas，可能很多人都会说不熟。但当你哼起那首*California Dreaming*的旋律，所有人都恍然大悟了。

1994年，中国和美国分别有一部电影将这首歌选作插曲。中国的是王家卫执导的《重庆森林》，王菲在吧台前摇头晃脑地唱着《加州梦》。美国的则是Tom Hanks主演的《阿甘正传》，阿甘在越南的雨中给珍妮写信时，响起的背景音乐就是*California Dreaming*。而在2015年上映的灾难片《末日崩塌》最后，澳洲歌手Sia所翻唱的，也正是这首《加州梦》。

1964年，The Mamas & the Papas成立。当时的成员为John Phillips和他的妻子Michelle，还有Denny Doherty以及Cas Elliott。

作为女主唱之一的Michelle，其实曾经是丈夫John Phillips的……其实我很不想用“脑残粉”这个词。有一次，John Phillips到旧金山演出，一个刚满十六岁的女孩迷上了他。更夸张的是，女孩跟着他跑到了纽约。当时二十五岁的John Phillips已经结婚，还有两个孩子。

不过这可难不倒这位爱折腾的加州姑娘。她跑到John Phillips家里，要他的妻子离开他。约翰夫人早就知道丈夫在外面经常拈花惹草，竟然一点也不惊讶。她还劝Michelle说，John Phillips在每个城市都有这么一个情人。

不过，这回她判断失误了。几个星期之后，John Phillips离了婚。不久，Michelle成了新的约翰夫人，后来还成了约翰新乐队的女主唱。

如果说女主唱Michelle是一个喜欢主动折腾的人，那另一位女主唱Cas Elliott则是被折腾的对象。

起初，John Phillips认为Cas Elliott的声线不高，无法和乐队其他成员构成完美的和声，所以一直不同意她加入。后来，由于一次意外事故，Cas Elliott的头部被重物击中，造成轻微脑震荡。住了几天医院后，她居然可以唱上去了！就这样，Cas Elliott成了The Mamas & the Papas中的另一位“妈妈”。

提到The Mamas & the Papas，就一定绕不开*California Dreaming*。而这首歌的创作灵感，竟是来自成天吵着要回娘家的Michelle。

定居纽约后，Michelle时常跟John Phillips念叨西海岸的加州，于是John Phillips将妻子的梦想写成了这首歌。

60年代的美国不太平和：越战、毒品、种族歧视、形式主义……一系列问题在排队。世界变化快，人们越来越不明白。而这首满溢阳光和梦想的歌，给了美利坚……用现在的话讲就是——正能量。

于是，红了。

然而，伴随着乐队事业的腾飞，四位“爹妈”之间的裂痕也越来越明显。Michelle和Denny Doherty发生了工作以外的某些关系，把丈夫John Phillips气得披头散发。他甚至还写了一首叫*I Saw Her Again*的歌表达不满，这首歌成了乐队的又一首热门歌曲。

最后，买卖不成仁义在，Michelle和John Phillips和平分手，但乐队涛声依旧。不过，热情似火的Michelle小姐又有了“新朋友”。这个变故让The Mamas & the Papas中的两位男士都成了失意者。Denny Doherty陷入酒精的泥潭，而John Phillips则用毒品麻醉自己。

1968年，Cas Elliott离开乐队，开始了一段不太成功的单飞生涯，同时也宣告成立才三年多的The Mamas & the Papas正式解散。

六年之后，Cas Elliott因心脏病去世。John Phillips和Michelle在很长一段时间里仍然相互仇恨，形同陌路。后来，John Phillips和Denny Doherty还找过另外两位女歌手重组The Mamas & the Papas，但再也没能重现当年的荣光。

2001年3月18日，John Phillips因病逝世于洛杉矶，结束了辉煌又动荡的一生。

如今，*California Dreaming*这首歌已到了“知天命”的年纪。唱歌的人或者去了天上，或者早就折腾不动了。再次翻看这满溢阳光和梦想的歌词，五十年，恍如梦一场。

Simon & Garfunkel: ——二重唱 一辈子

文/李峙

歌声落，掌声起，镜头中满是婆娑的眼泪。

1965年12月的一天，两个美国小青年在一起听广播。

在此之前，他们刚刚完成了一趟英伦音乐行。说直白点，他们去英国做了几个月的流浪歌手，然后两手空空地打道回府。

当主持人说这首歌获得本周公告牌冠军的时候，两个小青年惊得目瞪口呆。再一听，的确很熟，只是编曲变了。

这两个小青年，一个叫Paul Simon，一个叫Art Garfunkel。

Paul Simon和Art Garfunkel同岁，都出生于1941年。二人都是犹太人，住同一个街区，上同一所中学，有着几乎坚不可摧的阶级感情。

十五岁时，二人便组过一个叫“Tom & Jerry”的组合。不过，小小少年对“猫和老鼠”的迷恋很快就到达终点，他们开始嫌弃这个幼稚的名字。在给组合起新名字时，公平起见，二人名字各用一半，组合就叫Simon & Garfunkel。

Paul Simon大学学的是英国文学专业，但他不仅会写歌会唱歌，还会多种乐器。而Art Garfunkel，用现在的话说，就是一个超级学霸：他学过建筑和美术，并先后拿下农学学士学位、文学硕士学位、数学硕士学位和哲学博士学位。但是，作为一个音乐人，Art Garfunkel先生却显得不是太有底气，这也为日后组合的解散埋下了伏笔。

1964年，歌伦比亚唱片公司签下Simon & Garfunkel，并为他们制作了专辑*Wednesday Morning*。在这张专辑中，就首次收录了日后红遍整个地球的*The Sound Of Silence*，只是编曲比较民谣和清淡。唱片没有一炮而红，两个小青年便继续在他们的梦想里四处游荡。

直到一年之后，唱片公司把*The Sound Of Silence*改编成摇滚风格，在佛罗里达的电台中滚动播放。然后，就有了开篇的那一幕。

大红之后的Simon & Garfunkel趁热打了不少铁，电影《毕业生》的原声带就是其中之一。这部由当时的美国新锐导演Mike Nichols执导，反映青年一代对成人世界所生迷惑的电影轰动一时。在电影原声中，人们听到了由二人演唱的*The Sound of Silence*、*Scarborough Fair*、*Mrs. Robinson*等歌曲。

难得的是，Simon & Garfunkel和当时的许多小青年不同——在“垮掉的一代”里，他们并不愤怒，更没有逃避到由性爱、宗教或者迷幻药构筑的虚幻解脱中去，而是平和又积极地面对社会和人生。无晦暗面，也许是他们的音乐保持清洁的秘诀之一。

1969年以后，二人开始了大规模的巡回演出。合作多年，舞台上的配合

初唱这歌的时候，两人都是23岁。而这一次，他们都已62岁。

也越发炉火纯青。连Paul Simon自己都说，那是Simon & Garfunkel最好的时光。

然而，由于Art Garfunkel基本只会唱歌，在做唱片的过程中，难免感到被冷落。在接近两年的时间里，Paul Simon一直闷头创作新歌，而Art Garfunkel则利用这段时间跑去拍电影了。

在对*Bridge Over Troubled Water*这首歌的处理上，二人更是产生了巨大的分歧。虽然歌曲为Paul Simon所写，但他无法接受Art Garfunkel把这首歌弄成巴赫式合唱的想法，于是一怒之下将整首歌都甩给了Art Garfunkel。

就这样，这张*Bridge Over Troubled Water*成了Paul Simon和Art

Garfunkel合作的最后一张专辑。

没有确切的时间，没有标志性的事件，没有打官司，也没有召开发布会，Simon & Garfunkel的时代结束了。

此后的几十年，他们一直保持着生活中的联系，偶尔有小规模的合作。但真正意义的再次同台是2003年的事了。当《毕业生》的主演Dustin Hoffman把格莱美终身成就奖的奖杯捧给Simon & Garfunkel后，他们再次唱起了*The Sound Of Silence*。

初唱这歌的时候，两个人都是二十三岁。而这一次，他们都已六十二岁。

舞台上，Paul Simon弹着吉他，Art Garfunkel背着手，一如当年。舞台下，听歌的少年早已白了头。

歌声落，掌声起，镜头中满是婆娑的泪眼。

舞台上，Paul Simon弹着吉他，
Art Garfunkel背着手，一切如当年。
舞台下，听歌的少年早已白了头。

好妹妹乐队：——不要变成坏婶婶

文/李峙

以后的好妹妹
肯定会越来越红越来越忙，
但是，
不管走多远飞多高，
please，
不要变成坏婶婶！

几年前朋友送我一张碟。如今连我这个卖声放歌的都不怎么买碟了，她却不仅“要买碟”，还斥巨资买了好几张送给我们这些狐朋狗友。

那张碟就是《春生》。

听完，就一个感觉：这些歌完全不像“新歌”。当然，也可以用一个酸溜溜但也恰如其分的词来形容，那就是“有情怀”。那时我做的就是老歌节目，把“好妹妹”混在一群老人家中间播，听起来竟然一点都不会觉得出戏。

我们都喜欢给声音臆想出一个自己想要的形象，比如我的很多听友就坚持认为我是一米八+的阳光欧巴。

我知道读到这儿你会去百度一下“李峙”，嗯，目的达到了。

当时我觉得秦昊的形象应该像年轻时的李建复，小厚像年轻时的梁弘志。总之都很书卷气，戴细框眼镜，谈吐儒雅，说不定还会在家偷偷地对着镜子穿穿长衫甩甩折扇什么的。

那会儿也就只是听和放，没想过会成为生活中的朋友。大概一周之后，一个微博名叫“好妹妹乐队–张小厚”的人居然关注我了。我咔！这不就是最近老听的那个妹妹吗？赶紧回关注！不过互相关注之后也没多勾搭，我比较矜持。

又过了一阵，好友加同行给我推荐节目嘉宾。他先做了一段略显冗长的铺垫，大意是“这个乐队虽然名字有点怪知名度还不算高但音乐真的非常非常棒你要吗巴拉巴拉”。我说谁呀？他说“好妹妹”。还没等他把“乐队”说完，我就说我要了。

然后我们就在北京八宝山地区的某广场一起吃饭了。

那天上完直播秦昊、小厚就要直接坐火车去外地，所以拖家带口大包小包的，以至于服务员时不时向我们甩来嫌弃的余光。初次见面，还不熟，大家底线都比较高，但我心中对两个人的臆想也算是基本崩塌了：秦昊像少年李建复？小厚像少年梁弘志？我们还是来谈谈梦想吧。

由于种种你问了我也不会说的原因，那期节目做得一般。但也正是在那期节目中，秦昊、小厚习得了日后经常嘚瑟的黑暗技能之一：如何在直播节目中搞死电台DJ。

再之后，“好妹妹”越来越红了，频繁奔走于各大音乐节。我们在外地碰面时的寒暄，也从以前的“您什么时候回北京”变成了“原来你丫也在这里”。在长江音乐节的摆渡中巴上，秦昊说我们回去再做一期节目吧，我说好啊！小厚说我们要做新专辑首发演唱会了，你来帮忙主持吧，我说好啊！

然后我们就又做了一期节目。下节目一起坐地铁，我和小厚先冲了进

从麻雀瓦舍到星光现场，
再到2空间。
现在，
他们居然单独进了工人体育……场！！！

去，秦昊被关在外面。看着车窗外背着吉他的秦昊，我满脑子都是《铁窗泪》。而那个画面，可以叫“18线艺人和36线DJ的辛酸北漂史”。

其实那时的“好妹妹”已经至少是17线艺人了，这点在演唱会现场得到了印证。8点开始，4点多已经从三楼排到了一楼，以至于我赶去候场的时候只能说“开水，借过”。

在这儿要特别给各位同行提个醒：如果有人找你给“好妹妹”主持演唱会，给再多钱都别接！因为，他们比你更会主持。那天我基本就是打酱油，因为“好妹妹”没有经过歌坛流水线的打磨，他们和听者之间本来就没有刻意修筑的距离感，所以不需要我去讲述什么“不为人知的幕后故事”。

倒是站在舞台侧面看他们的感觉，至今都记得。作为朋友，看着他们被越来越多人喜欢，真心高兴和骄傲。

这篇字整体风格都比较轻浮，是因为秦昊、小厚说我有一种能让人伤感的气场，还到处说我们一起在直播节目里哭过，想扭转一下形象。

接近尾声了，还是来一段《艺术人生》范儿的吧。虽然微博上的两个人都成天嘻嘻哈哈，但我知道，从音乐节的周边产品地摊到宣传海报正中间，他们这一路吃了多少苦。从麻雀瓦舍到星光现场，再到M空间。现在，他们居然单独进了工人体育……场！！！

当年M空间演唱会，我拿着票在门口等朋友。一位黄牛师傅凑过来问：“是小妹妹乐队的票吗？”当时笑趴，这个哏比“好姐妹乐队”更好玩。

现在再开演唱会，应该没有黄牛师傅搞错乐队名字了。

以后的“好妹妹”肯定会越来越红越来越忙，但是，不管走多远飞多高，please，不要变成坏婶婶！如果浓缩成一句煽情的说，那就是：勿忘初心，说时依旧。

钟立风：

——在路上的生活家

文/李峙

生活即音乐，音乐又精心雕刻着生活。
生活不会停止，
所以音乐表示情绪稳定。

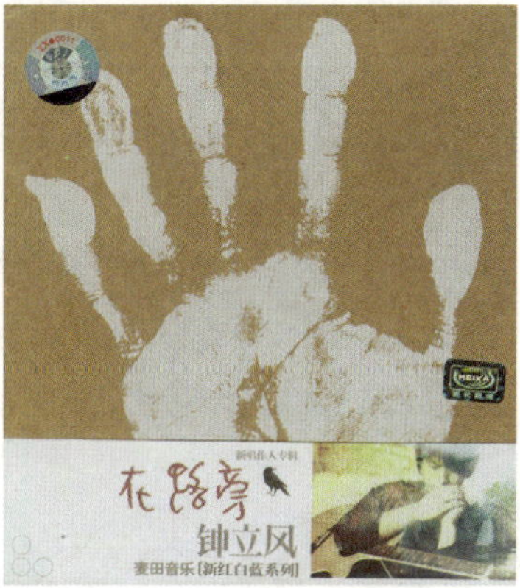

写熟悉的人容易脸谱化。就像小学的时候，所有妈妈都是善良勤劳勇敢持家，每位老师都曾雨夜送伞带病上课。

这次要写钟立风，既熟悉又陌生的小钟同学。

熟悉是因为好像几百年前就知道钟立风这个名字，而且认识的时间也不短了。陌生是因为对他的音乐本身，我了解得还真不够。

还在做民谣节目的时候，一位同事告诉我钟立风要来上她节目，问我认不认识。我当即说认识，很棒的一位歌手啊！这感觉就像，大家都说小野洋子很牛，但除了她是列侬的第二位妻子以外，她具体怎么个牛法却说不上了。

忘了又过了多久，小钟再次做客电台，不过这次以嘉宾主持的身份。直播结束之后大家一起吃饭，就在台里的咖啡厅。那时的咖啡厅还主营盖饭，其实我们对这寒碜的招待规格感到非常抱歉，但小钟却丝毫没有嫌弃的意思。

吃完饭坐着聊天，提到陈升。小钟稍稍清了两下嗓子，竟直接清唱起了《风筝》。那声音和完美天籁什么的扯不上关系，可不知为什么，我当时就是一阵不分青红皂白的感动。

再下一次像样的见面就是在野草莓了。野草莓是那时小钟参与经营的一个咖啡店，在后海旁边。周末有演出，于是拉上一朋友去听民谣。去之前朋友以为民谣就是晚会舞台上孔雀服大妈们尖利的歌颂，或者“太阳出来我爬山坡”那种粗放的山村流行乐。

那天小钟一口气从7点多唱到10点多。演出结束以后，这家伙也不闲着，对观众说大家可以上台唱歌，他负责弹吉他。那天听小钟的女士大多是豪放派，哗的一声就冲上去四位。这阴阳严重失调的局面怎能无视？小钟竟然来了个突然袭击，点名邀请同属婉约派的我上台合唱。

我唱了什么记不得了，就记得快12点的时候，小钟建议散场前大家合唱《张三的歌》。副歌部分被反复唱了至少十遍，在场的每个人都唱得或听得面色潮红热血沸腾。

和小钟道别，和朋友走在午夜的后海。她说，民谣是个好东西。

嗯，民谣的确是个好东西。

和小钟聊究竟什么是民谣。他说，不是抱着吉他随便弹几个和弦就是民谣，也不是编曲复杂了点就不再是民谣。民谣，重要的是“根”和“魂”，那是一种返璞归真，一段生活的体验和情感的旅程。

如今的民谣越来越极端：要么是不问世事的小清新，要么是不共戴天的大愤怒。有的音乐里全是公寓、咖啡、看海云云，似乎普天之下皆已歌舞

他相信，
时间会让该近的人更近，
该远的人更远。

升平；而有的人则像是每天都在蹲点等待不公正的发生，以期音乐里多一些“观点”。

我喜欢小钟对待生活、对待民谣的姿态：它有阴暗的一面，但也有春暖花开的时候。

有一位潦倒的老画家，每晚都去听钟立风唱歌。有一次他进门的时候小钟正在唱《亲爱的小孩》。看着眼前那个依旧对生活固执的老小孩，台上的歌者几乎哭了出来。

刚到北京，敲了N家唱片公司的门都没人理睬。后来终于有了机会，给歌手写歌，却不署自己的名字，因为这样可以多卖些钱。这就像是在出卖自己的亲生孩子。音乐是他的生活，但他首先得生存。

去上海演出。只见过一次面的朋友放心地把钥匙交给小钟，自己却出差去了。临别时，一个大男人，眼里有泪水。他信任和不舍的，不单单是钟立风，还有民谣这东西所搭建起来的阶级感情。

广州。朋友说别指望有太多人听民谣，但没想到演出现场人满为患。有人说，小钟，我大学时就听你的《在路旁》。现在工作都几年了，终于有机会现场听你唱歌了，我想拥抱你一下。

在一段又一段旅程中，钟立风收获了满满的音乐灵感。他说他从不担心灵感枯竭，因为他一直生活着。

生活还少不了朋友。这些年走南闯北的生活为钟立风积攒了不少朋友，几乎到国内任何一个城市演出都可以算是一次会友之旅。钟立风的人和他的音乐一样爽朗，但这种爽朗又绝非圆滑世故。他对人友好，丝毫没有“明星”架子，但这不等于一团和气没有原则。

他相信，时间会让该近的人更近、该远的人更远。

此刻电脑旁边放的是小钟送的《她为我编织毛衣》。给我的时候他专门演示了一遍，说CD拿出来盒子可以做相框。里面有二十四张卡片，如果看腻了钟立风还可以换自己的照片。最喜欢的一张是穿着背心和运动裤的小钟在晨练，旁边一位僧人刚好路过。小钟一脸人畜无害的微笑。

生活即音乐，音乐又精心雕刻着生活。生活不会停止，所以音乐表示情绪稳定。

许美静：傻女人

文/李峙

许美静，你这个女人，
该怎么说你呢？
你的声音，你的人生，就像一个谜。

许美静，你这个女人，该怎么说你呢？你的声音，你的人生，就像一个谜。

你和那个叫陈佳明的男人之间究竟有怎样的故事，我从来搞不清楚，也不想搞清楚。我只想安安静静，一遍又一遍听你的歌。

1996年那张叫《遗憾》的盒带里，处处都是陈佳明的名字。那时有谁能想到这个普普通通的名字竟会和你绑定一生呢？你拒绝了李宗盛大哥的邀请，只为等待与这个陈姓男人合作的机会。

“与其让你在我怀中枯萎，宁愿你犯错后悔。让你飞向梦中的世界，留我独自伤悲。”

当然，那个时候你们也许还是纯粹的师徒关系。这些无辜的歌词，都是听者一厢情愿的意淫。

你一直知道有的感情永远不可能有结果，但你还是执迷不悔。他们一次又一次地告诉你：“孩子，别傻了！你们不可能的！”甚至他也对你说：“你真挺不错的，肯定能找一个很好的男人。”你满不在乎又坚定不移地说：“我就找你了！”然后他沉默了。

他说他可以做你一辈子的朋友。你瞬间感动得一败涂地，决定痛改前非，摆正自己的位置。你给他发了很长很长的短信，说了无数个谢谢。他没有回复，但你知道他在微笑。

你唱起《只是这人生》，你以为一觉醒来你可以不再被他羁绊，大步向前开始自己的生活。但是你错了，错得那么彻底。如果你能控制自己真切得近乎可怕的感情，又哪能唱出那些缠绵悱恻的情歌呢？

还记得你唱《阳光总在风雨后》和《盖被》时的云淡风轻吗？你的歌声温暖了无数在爱情中受伤的男女，也鼓舞了千千万万找不到方向的灵魂。那些大道理你都懂，什么理解、什么祝福、什么时间，在第一次体会所谓真爱的你的眼里，都不值得一提。

那个比你年长十岁的男人，他究竟好在哪里呢？是的，他很有才华，他曾给初出茅庐的你许多鼓励和帮助。可这些能构成爱的理由吗？爱，根本不需要任何理由。你就是爱上他了，虽然你极力否认，甚至对着镜子说："不不不，只是喜欢而已。我还不懂爱。"

从十多岁那场初恋结束以后，你的感情世界就一片空白。你没有想过找个帅得掉渣的小伙牵手逛街，也没有试图傍个大佬然后大红大紫。你安静地守着自己那片荒凉但又渴望草长莺飞的心地，直到遇见了他。

我以为2000年那张《静电》是你重新出发的宣言。

此刻，我还在听你。
你是否会复出，
已经变得不那么重要了。

“你是我是谁？像是月光将枯井灌醉；或是昙花一现，今夜绽放，明天枯萎。”

我以为你在新世纪到来的时候迎来了新生活。我拿着刚刚买到的唱片激动地对朋友说，虽然这张味道变了，但我喜欢这般理性的许美静。

谁知道在一年之后你就消失了。也许你真的累了，你顾不上名顾不上利顾不上漫天飞舞的流言蜚语，只想一个人静一静。而时间和距离是最好的武器，于是你独自跑到了遥远的意大利。

那些日子你在唱什么歌呢？《挽歌》？《你抽的烟》？还是《空气中的

谜》？那些日子我翻出你为数不多的几张唱片反复地听，我担心如果有一天我听倦了听腻了你还不回来该怎么办呢？幸运的是，你的声音在听了几百遍之后仍不感觉倦，更不会腻。

2006年，你终于回来了，你在酒店里说你是上帝。他们带走你，说你疯了。这时我终于开始发现我看你的时候带着太重的主观色彩：我说你没有疯，只是太痴了。

不管你变什么样，我一直听你，就这么定了！那段时间我疯狂地听《蔓延》那张：

“失去你的世界，荒芜一片，悔恨静静蔓延。那回忆如风雪，可不能够冷却对你如火的爱恋。”

此刻，我还在听你。你是否会复出，已经变得不那么重要了。

我会忘记一些事，记住你。

我会忘记一些事，
记住你。

那 些 草 儿

文 / 李峙

我在北京的雾霾天里码字，有些想他们。

上学时经常在校门口的“苍蝇馆子”吃饭，JS不仅要吃三四碗饭，还扬言盛满后用脚踩过。最绝的是他曾从老板那儿顺过一个带缺口的碗回宿舍，里面还有些泡菜，人神共愤。

那时还有个神人就是KK，睡在我上铺的兄弟。每当夜深人静时就会听到那厮在上铺风雨大作。捂面，别想歪！人家是在弄鼻涕。巨响之后就是啪的一声，不知道扔什么地方了。第二天早上起来如果谁发现自己的家当不幸中弹，那就免不了血战一场。

KK同学还有个同样惊天动地的优良传统就是打呼噜，一打起来隔壁宿舍都辗转反侧夜不能寐。于是下铺的我便担负起了保证全民睡眠质量的重任。

GM贡献了一根从他床上掉下来的钢管，并给我独家授权，可以随便用这根钢管制裁生产“502胶水”和“地震波”的KK。无奈我心慈手软总是不忍心使劲敲KK，屡试都爽之后我被剥夺钢管权利终身，并被列入人民公敌行列。

GM是个大胡子，长得很有杀伤力。进宿舍第一天重重地把东西扔在床上人就不见了，显得非常江湖。忧郁悄悄给我说不要惹他，他是“烂眼儿”。我在GM面前一直很规矩，因为怕被他砍。

后来上课了才知道GM不仅不是“烂眼儿”，还是个好学生，还有过做班长的前科呢！人家把东西往床上一扔就不见了是去帮老师整理新书，不是去打群架了。

GM的力气和好学生的身份很不相称，他可以把人活生生地举起来转几圈。于是以后的日子里我们宿舍人的气焰都嚣张了起来，谁敢惹我们就叫GM转死他！

忧郁和GM有两个共同点：一是都是好学生；二是看起来都不像好学生。去学校前就听了很多江湖上关于忧郁的传闻：第一名、清华北大苗子云云。总觉得这种人应该是文质彬彬得近乎呆头呆脑才对。没想到那个和我一起趴在宿舍窗台上数美女的色狼就是传说中的忧郁。

忧郁是天生脑子好用那种人，我亲眼目睹他上课跟我一样地频频点头，下课跟我不一样地忙于早恋事业，但他的成绩却好得令人发指。

忧郁擅长分手，并且每次分手后都发誓要痛改前非不近女色好好学习报效朝廷。我觉得忧郁的事迹可歌可泣，就每次都耐心地开导他，甚至不惜血本给他唱类似于《分手快乐》那种歌。据不完全统计，光是我知道的，忧郁都分了不下三十次手。

后来我们都疲惫了，他偶尔给我打个电话：“我们又分手了。”——“你们什么时候又复合了？”

当然，那时的宿舍里并非个个都是好学生，也有疑似好学生，比如杨伟人。杨伟人不是杨利伟的远房亲戚，也不算真正意义上的伟人。他身形娇小，为人呆板，却经常一鸣惊人。

某天，杨同学从主营色情小说顺便卖几本教辅书的大叔那儿淘来一本类似于伟人传记的书。读完之后感觉浑身燥热，便站在床上庄严地对全世界宣布："我杨某某一定会成为伟人的！"

于是，杨伟人这个名字从此站了起来，屹立不倒至今日。杨伟人酷爱音乐，又以《康定情歌》为甚，只是那个"月亮弯弯"怎么都弯不过去。

对于杨伟人，我一直怀着深深的歉意。

那是一个秋天，风儿那么凄惨。杨同学雄赳赳气昂昂地哼着"月亮弯~弯~"挺进水房洗头，路人李产生了一个邪恶的念头：重重地将他装水的盆子挪开，换上装剩饭剩菜的盆子。

本以为他早发现了，没想到这厮弯得太投入，对即将发生的悲剧浑然不知。随着沾满饭粒菜汤的毛巾放到头上，水房里传来一阵惨绝人寰的叫声。叫的不是杨伟人，是李某人。我知道这次玩儿大了。

那晚，宿舍开了个批斗会，议题是揭发李某人的滔天罪行：他把扫帚放在虚掩的门上，他把卫生纸撕成小条放在别人头上，他把写了“来侮辱我”的纸条贴在别人背上，他踢了前排男同学屁股然后指着旁边的女生说你踢××干吗啊……

一觉醒来，十五年过去了。JS早已失去联络；KK貌似去了遥远的非洲；GM和隔壁班的姑娘刚刚度过结婚五周年的纪念日；忧郁在分了三十五次手之后终于结婚，现在孩子都会打酱油了；杨伟人终究没有成为伟人，但婚后的生活也很和谐美满。

我在北京的雾霾天里码字，有些想他们。

别信什么，有爱就有希望。
有命，才有希望。

筠子：永远青春——永远二十三岁

文/李峙

是的，
谁离了谁都能继续活下去，
谁都没义务为谁永远悲伤。
所以，
活着的时候，
要自己心疼自己。

初看《致青春》，可能很多人都会认为阮莞是一个悲剧人物。但换一个角度想，也正是因为生命的戛然而止，她的青春才没有被时间反复洗涤，直至褪色。

没错。就像村上春树说的那样：唯有逝者永远十七岁。

今天我们要说的这个姑娘，永远23岁。她叫筠子，1977年来，2000年去。

1997年，二十岁的筠子推出首支个人单曲《一起做吧》，从而正式出道。2000年初，签约当时大名鼎鼎的京文音像公司。同年3月，首张个人专辑《春分·立秋·冬至》发表。有乐评人说，这个二十三岁的姑娘可能打破内地歌坛实力女歌手青黄不接的局面。而就在专辑发表后的七个月，9月10日下午，她在家中结束了自己。

当年筠子刚刚步入歌坛时，颇有一些石破天惊的意味。可能是因为唱民谣的女歌手本来就是稀有动物，又也许是因为筠子本身就足以让内地歌坛为之一振。高晓松、汪峰、朴树、小柯、沈庆、李小龙……我们在幕后团队的名单里看到了这一系列响当当的名字。

一个二十岁出头的新人，能有这般众星捧月的待遇，按理说该敲锣打鼓谢天谢地。但是，筠子却在专辑文案里写道：“在录制《青春》这首歌的时候，北京正飘着雾蒙蒙的小雨。和窗外的天气一样，心情也差到极点。”

你可以认为这姑娘太过敏感，敏感得近乎矫情。但是，但凡在艺术上有所建树的人，哪个不敏感？哪个不曾是爱折腾的小青年？

筠子的歌声里，有90年代校园歌手的忧郁和朴素，也有能戳入心窝的高亢和呐喊。有人说，筠子这样的歌手，过几年就该有一个。不会太流行，但在过去几年后，又会是一些人用于记忆的专有符号。

歌里说：“我心里什么都没有，就像没有痛苦。这个世界什么都有，就像每个人都拥有。”

彼时的歌者，究竟有着怎样的生命际遇？

我们无从知晓，也没必要去探究。我们唯一知道的就是：在专辑发表之后不久，在一片叫好声中，她用一种决绝的方式去了天上。

她爱过的男人，有的保持沉默，有的冷静地说“男人没义务如丧考妣般地追悼每个跟他好过的女人。”

是的，谁离了谁都能继续活下去，谁都没义务为谁永远悲伤。所以，活着的时候，要自己心疼自己。

《青春》的作者汪峰说，二十岁出头的时候喜欢看哲学或宗教类的书，现在只浏览网页时随便看看新闻时事。

而这张专辑的制作人高晓松说，以前总是慌张，手忙脚乱，不知所措，总想有所归依寻获慰藉。最后终于找到了平静，才发现，那段慌张无措的日子，那段再也回不去的光阴，才是青春。

原来，我们都曾有大把的青春，只是当时太惘然。待到青春已变得圆润时，才恍然大悟，扼腕叹息。

所以，趁青春尚好，适度折腾吧。当然，首先得好好活着。

别信什么“有爱就有希望”，有命，才有希望。

陈升：我一直在玩

文 / 李峙

身着一副中年师傅的皮囊，心里却住着一个骄傲敏感的少年。

“老男孩”这个词如今被用得有点泛滥，但在描述这个男人的时候，这却是最合适的词汇。

他是陈升，小时候的志愿是当画家，后来却做了音乐。做音乐之前修过汽车和电梯，做过美术设计，去唱片公司考了三次都惨遭嫌弃。从“陈志升”变为“陈升”后，终于进入综一唱片，做了刘家昌的助理。

对很多内地听者来说，陈升好像从未年轻过。一爱上他，他就已经是“升哥”了。深沉、稳重、儒雅……这些中年男人最吸引人的特质，他身上统统都没有。他经常半梦半醒，成天四处游荡。穿拖鞋上舞台，说话做事不按常理出牌。以至于当你听到他唱出“我从遥远的地方来看你，要说许多的故事给你听”这样深情的词句时，会有一瞬间的错愕。

身着一副中年师傅的皮囊，心里却住着一个骄傲敏感的少年。

陈升，用永远让人琢磨不透的逻辑，写着这个世界的表情。当大半个华语歌坛都在拼命追赶R&B的时候，他却抱起吉他，问雨中的小黄狗要不要借把伞；当优质偶像们开始贩卖纯情和含蓄时，他却大声唱起了《爱上贵伦美》；当“小清新”一词已经被用到烂大街的程度时，他又嬉皮笑脸地发了一张唱片，叫《我的小清新》。

为了占领音乐市场，陈升写过不少“大家喜欢的歌”。但他又说：“于是我叫我自己恨情歌，假装我不在乎。”原来在他心里一直有一股拧巴劲儿：他不想和世界玩，他想和自己玩。

如今的陈升，变得不再“主流”，不再唯美，甚至不再好听。这个玩世不恭的老男人，好似一颗火候十足的怪味蚕豆，内里透着无以名状的扭捏。你或者爱得死去活来，或者骂骂咧咧地大步走开。

他的声音不完美，他的世界不纯净。但正是这个有些骄傲有些傲娇的老男人，用他的笔和歌，描摹了红尘中最细节的爱恨情长。

关于他，你想听的可能还有很多：刘若英、左小祖咒、演唱会“明年你还爱我吗”……

这一切，都像是陈升的一串梦境。

当我们试图严肃地一探究竟，他却做了个鬼脸，甩下一句：“写歌的人假正经，听歌的人最无情。”

我从遥远的地方来看你，
要说许多的故事给你听。

李寿全：做个节制又自由的张三

文 / 李崻

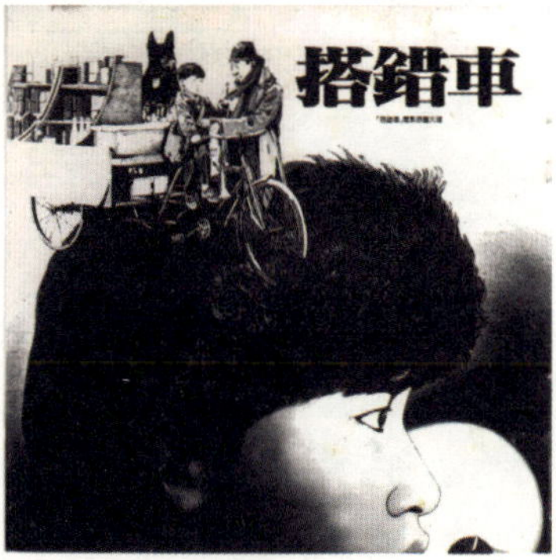

诱惑和选项越来越多的时日里，
学习节制，
保持自由，
这世界才会有更多光亮。

单说李寿全这个名字您可能会感觉不太熟悉，但如果说《张三的歌》，您应该就不会感到陌生了。很多人翻唱过，而它的原唱者，正是1986年的李寿全。

1985年，三十岁的李寿全为电影《超级市民》制作原声带。这张原声带里收录了制作人李寿全首次发声的歌曲《未来的未来》，歌里说“三十岁我的职业是自由”。2015年，传说一般的李寿全频繁出没于内地，从民歌年代降落当下。这一年，他六十岁。

1986年的台湾歌坛是民歌运动自由创作的觉醒时期，大量音乐制作人从幕后走到了台前。李宗盛发表了首张个人专辑《生命中的精灵》，李寿全也推出了自己唯一一张真正意义上的个人专辑《8又二分之一》。

专辑取名自意大利导演费里尼的经典影片《8又二分之一》，同时寓意80年代已经过半。当时刚过而立之年的李寿全用一张唱片书写了小人物的清醒和迷茫，而这张看似不甘寂寞的玩票之作，日后也成为华语流行音乐史上无可争辩的经典专辑。

《8又二分之一》是优秀的作品，但它却绝不是李寿全的全部。李建复的《龙的传人》、潘越云的《天天天蓝》、苏芮的《搭错车电影原声带》……这些金光闪闪的唱片，都出自于制作人李寿全的手中。华语乐坛的第一首群星合唱《明天会更好》，是由李寿全发起并制作的。王杰和王力宏这两位不同时期不同风格的歌手，也是因为李寿全的发掘才正式步入歌坛。

在一首歌曲或者一张唱片里，演唱者、词作者、曲作者和编曲者，可能都是您的“熟人”。“制作人”是一个怎样的角色呢？Ta就像导演之于电影，把握着一首歌、一张唱片甚至一位歌手的整体风格。而作为制作人的李寿全，就亲手锻造了华语乐坛中的无数经典专辑。

在个人专辑《8又二分之一》发表之后，作为歌手的李寿全有了一定的知名度。当他提着给孩子买的尿布在街上走的时候，听到有人在身后说：“这就是唱《张三的歌》的那个人吧！他怎么能自己提着尿布在街上走呢？”

给孩子买尿布本是老爸的骄傲，但作为明星，这点权利却被剥夺了。“与明星的光鲜相比，还是生活的淡然来得更实在。”自此，李寿全再未发表个人专辑，而是将全部精力放在了音乐制作上面。

这样的选择可能会让很多人感到意外。但也正是这样的节制，才让如今已逾花甲的李寿全始终保持着自由和清洁。

年少时驾着“理想”逆风飞扬，得到后却被“欲望”悄然埋葬。诱惑和选项越来越多的时日里，学习节制，保持自由，这世界才会有更多光亮。

三十岁，
我的职业是自由。

麦田守望者：远方就是方向

文 / 李峙

如果我有方向
那就是远方

提到“麦田守望者”，大多数人想到的都是那本书。

是的，这支叫“麦田守望者”的乐队名气还没有大到可以和赛林格的畅销小说抗衡的地步。不过，他们也从未想过要去抗衡，因为他们都是这本书的忠实读者。

小说《麦田守望者》是美国20世纪60年代非主流文化的先声。麦田，在书中被用来象征少年的欢乐园：可隐藏，可嬉戏；可贴紧大地，可沐浴阳光。对于一个爱折腾的少年来说，成长的过程是烦恼的。因此，麦田里需要一个守望者。它能看护，以防少年跌落深渊。这种理所应当的年少轻狂，也正是麦田守望者这支乐队的真实写照。

乐队的历史最早可以追溯到1992年，当时几位成员都还是在校大学生。出于对小说《麦田守望者》的喜爱，给乐队起了这个名字。1994年圣诞节，几个年轻人首次以乐队成员的身份在舞台上集体亮相，他们的麦田守望之旅正式开始了。

1996年，麦田守望者正式签约大名鼎鼎的红星生产社，并在两年后发表了首张同名专辑，制作人是张亚东。

麦田守望者身上最大的标签是英伦摇滚，他们的音乐趋向朴实和含蓄。当大多数人都认为，提到“摇滚”二字就应该愤怒、嘶吼，甚至脏兮兮的时候，麦田守望者却用少年的迷茫和希望在简单地歌唱。不是在玩音乐，也不是在被音乐玩，而是在放松地和音乐玩。

放松地玩耍，这是多么质朴却又难以企及的境界。当我们脸上的面具越来越厚，脚下的枷锁越来越重，对那些不折腾无少年的时日也越发地怀念。

那时，我们亲切地称呼麦田守望者为“麦守”。听“麦守”的同时，也听朴树、新裤子。还有刚刚出道，用现在的话说还是“小鲜肉”的花儿乐队。

多年之后听广播，有档节目的嘉宾主持叫萧玮。没错，就是麦田守望者的主唱萧玮。麦田守望者从未正式宣布解散，但他们的百科大事记中的时间却停在了2000年。要追问原因，可能有很多。但我一直这么认为：少年长大了，忙生活去了，没时间迷茫了。

当年很喜欢麦守《在路上》里的一句歌词：“如果我有方向，那就是远方。”

远方，一个能让所有爱折腾的小青年都感到兴奋的词汇。但年岁渐增，走着走着，就忘了远方的模样。

猛然抬头，端详镜中人，感叹岁月无常。好在，我们都一样。

猛然抬头，
端详镜中人，
感叹岁月无常。
好在，
我们都一样。

听Bob Dylan：朝圣——还是打酱油？

文/李峙

不管是朝圣还是打酱油，
我在场，
即是历史。

曾经有个朋友问我，迄今为止，你现场听过最大牌的歌手是谁？用手指头思考了一下：Bob Dylan。

乐评人张晓舟说，在中国内地，Bob Dylan在很长时间里都只是一个模糊的神话符号。是个人都知道他很牛，可是具体怎么个牛法，能说清楚的人就不多了。

2010年初听说他老人家要来中国，第一反应是有点玄乎。那感觉就像，北极熊一直都知道有一种可爱的动物叫企鹅，可突然有一天有人说企鹅要来北极游学了，它还是会觉得这事不靠谱。

后来，听说这事吹了。再后来，听说这事又成了。再再后来，我居然稀里糊涂地拿到了演唱会的入场券。

以前听演唱会有个习惯：一定要做些功课。而这次是个例外，两手空空的就奔去工体了。究其原因，有三点：一、以前听的歌手最牛的也就是《三国演义》，有的甚至是《金瓶梅》。而迪伦老爷子，他简直就是《史记》，跨度太大分量太重。试图用几天时间去读懂他，只会让自己披头散发。二、他的演唱会结束之前，地球上基本没人会知道歌单。三、他的即兴改编可以让你在听完整首歌之后才发现那首歌你听过几百遍。

这一次，我用一种极度无知的姿态听演唱会。不去挠墙回忆歌曲名字，

Bob Dylan赋予音乐的
可以改变人类和世界的
颠覆性力量
无人能及

在中国内地
Bob Dylan在很长时间里
只是一个模糊的神话符号。

也不用在副歌响起时跟着吼叫。只是听，乖乖地听。

如果你是因为《阿甘正传》去听Bob Dylan，如果你想在开场时听到现学来的“北京你好”，如果你以为等了几十年才等来的演唱会一定是超豪华阵容……那么，也许从进场的第一分钟，你就开始忐忑了：转了N个圈圈也没有发现大屏幕，舞台简单得近乎寒酸；老爷子上台直接开唱，以至于有人在微博上猜哪一个才是Bob Dylan；歌声，你说鬼哭狼嚎基本上也不为过，更别想和什么天籁扯上半毛钱关系了。

但是，这就是Bob Dylan。

我们不得不承认，有很多人听Bob Dylan是在朝圣；我们也不得不坦白，有更多人听Bob Dylan纯属打酱油，比如我。

这是一场“我在”的意义远大于“我听”的演唱会。无数人因为这场演出悸动了好几个月，“终于买到票了”“我居然没法去听迪伦”之类的微博我们也看了不少。可是，我们真是因为了解而喜欢，因为喜欢而去听的吗？

留意到一个现象：以前大牌演唱会次日，媒体报道中都会列出一堆名人粉丝的名单，而这一次没有，或者是我没看到。也许是名单太长，会占太多篇幅。似乎混音乐圈文化圈等圈圈的人，没去听Bob Dylan，出门都不好意思跟人打招呼。即使因为“不可抗因素”没去听，也得在微博上挠挠墙抹抹泪以示立场。

这一切，都已是浮云。Bob Dylan来了，又走了，而且很可能此生只会来这一次。

不管昨夜是去朝圣还是打酱油，我在场，即是历史。

名人眼中的Bob Dylan

乔布斯：Bob Dylan是我们这个时代最受敬重的诗人和音乐家，他也是我的英雄。

法国文化部长菲利佩蒂：Bob Dylan赋予音乐的、可以改变人类和世界的颠覆性力量，无人能及。

崔健：越是不代表谁，Bob Dylan的影响越大。那些总是想代表时代的人，越无法获得持续性的影响。那个时代过去了，他们就过去了。Bob Dylan很低调，他一直在坚持做演出。从他的第一首歌到现在，这中间一脉相承的音乐形式，反而给了我们最深远的影响。

郑钧：Bob Dylan演唱会是我最近看到的最感动的一场演出。你预期看到一尊活化石，但你看到了一位充满力量的战士。没有华丽的舞台灯光，只有真诚的歌者本人、音乐本人、时光本人、沧桑本人。我坐在外场最普通的观众席，除了他的心以外，我没有看到或听到别的。但这已经够了！他让我重新审视自己的生活方向。

尹吾：

未完成的红

文/李峙

在得到和妥协同时摆在面前时，
他可能会选择破碎就破碎要什么完美。

关于尹吾，网上有这样的一段介绍：毕业于广西中医学院。平时就喜欢唱歌，觉得挺好玩的。五光十色的一个行业，又能挣很多钱，就去唱了。在尹吾的歌手史上，几乎一直是靠干别的事情来维持音乐活动的。当过搬运工、三轮车夫、仓库保管员和药品推销员。最为艰难的时候，曾在北京街头卖艺。有一次从下午3点唱到晚上8点，最后讨得一书包的毛票回去。

说到这儿，需要介绍一下我们的主角尹吾了。

1994年夏天，尹吾借推销药品的机会来北京朝圣，并组了一支乐队。但是，在这个不缺梦想不缺激情的城市里，这支乐队很快就无声无息地夭折了。

然后是挨家挨户地向唱片公司毛遂自荐，结果，你已经猜到了。就在他准备打道回府继续卖药时，却戏剧性地和麦田音乐邂逅并签下三年合约，成为“麦田三原色”中的“红”。

红白蓝，是波兰著名导演基耶洛夫斯基的三部曲系列。在麦田最初的音乐色系中，尹吾是红，朴树是白，叶蓓是蓝。然而，由于种种我们不知道的原因，一直到1999年合约期满，尹吾的专辑也始终未能出版。

他凑钱重新录制了专辑，交由老友红枫的“新蜂音乐”代理。专辑最终得以发表，而此时的尹吾早已是债台高筑。

听尹吾的歌，能隐约感觉到，他有可能不是一个“好相处”的人。活得透彻洒脱，把什么形象啊人脉啊看得比较淡。用生活的语言来说，偶尔会有些“轴”，有些“各色”。

在得到和妥协同时摆在面前时，他可能会选择破碎就破碎要什么完美。

而这，不正是很多人想得却不可得或不敢得的“赤子之心”吗?

他唱诗，把卡夫卡的一堆冒号引号问号句号变成了歌，把北岛韩东舒婷的字也变成了歌。

在白衣胜雪已成为传说的年代，愿意唱诗的男人很可爱。

关于尹吾的去处，很多年前有人说他在老家南宁开了一家药店。除此之外，没有任何消息。

如今的尹吾，或许早已娶妻生子长啤酒肚，重重地沉没于生活深处。也说不准，哪天他会突然出现在某个音乐真人秀的舞台上，波澜不惊地讲起那些陈年往事，镜头里满是泪眼婆娑的围观群众和“评审老师”。

尹吾《每个人的一生都是一次远行》专辑文案

听音乐是幸福的，做音乐是痛苦的。但没想到，会疼痛至此。

如许多像我一样平凡的人们一样，除了每天干活、微笑、散步、向坏人致敬、为鸡毛蒜皮烦恼，在许多孤寂的夜晚，我偶尔也会陷入漫无边际的回忆，陷入那些时间之水流经我的脑海时留下的一个个小小的漩涡。

每当此时，我的喉咙里就不由自主地涌动着一些记忆沉闷的声器，它们应该就是我笔下的这些歌曲最直接的来处了。

这些歌曲的式样或许比较老旧了，现在听到的这几首的录音有着那么多的瑕疵和遗憾。但是我想，音乐的意义，不仅在于取悦我们的耳膜，更在于它能通往我们的心灵，这应该也是能让我支撑至今的原因之一。

郁冬：
郁结的冬

文/李峙

那痴心不改的少年
我再也没遇见
灯红酒绿说笑着
我们流泪的昨天……

北京的冬天，嘴唇变得干裂的时候，有人开始哼起老狼，有人开始想念郁冬。

同样是北京，老狼的冬天住在建于20世纪90年代的楼房里。红墙灰窗算不上堂皇，但暖气抵御了寒意，理想也不用再流浪。郁冬的冬天，则像他的名字，是郁结的，是凛冽的。胡同的冬天四面来风，路上停留着寂寞的阳光。呼出一口气，有暖意，紧接着是更加刺骨的寒意。

郁冬1972年11月3日出生于北京。虽然还不是货真价实的冬天，却可能是这座城市一年之中最冷的时候：暖意渐渐退去，暖气尚未抵达，希望郁郁寡欢。

郁冬的青春是彪悍又内敛的。

十六岁考入清华大学电子工程系，快要毕业时，选择退学。十七岁投考北京电影学院导演系研究生，最终落榜。二十二岁时，这个清华大学雷达专业的肄业生，和高晓松、沈庆、金立、老狼、逯学军等人共同掀起了“校园民谣运动”的高潮。

1995年，郁冬的第一张，也是迄今为止唯一的一张专辑《露天电影院》发表，得到铺天盖地的赞美和奖项。

他没有趁热打铁继续发专辑，而是重新退回幕后。此后的几年，郁冬的名字出现最多的地方就是老狼的专辑里了：《虎口脱险》《百分之百的女孩》《情人劫》《北京的冬天》……这些歌都是郁冬的创作。

郁冬的名字再次大规模地出现在媒体报道中，是2001年11月的事了。由于交通事故致人死亡，郁冬被判入狱。从此以后，郁冬就彻底从大众视线中消失了。

2007年，在一次采访中，记者问起郁冬的现状，老狼随口说了一句“他在中关村的一家IT公司上班”。这也成了到目前为止关于郁冬最新的消息。

如今，“校园民谣”二十一岁了。高晓松从音乐人变成主持人又变成董事长，老狼几乎成了旧时歌谣唯一的传唱者，沈庆说离开了再回来，发现好的坏的统统都变了。

当年买卡带的少年可能早已成了这个名流那个高管，不再有大把时间把昨日重现。听广播的工具从收音机变成了私家车，某天加完班，听见电台里悠悠地唱道：“那痴心不改的少年我再没遇见，灯红酒绿说笑着我们流泪的昨天……”

生活的英雄主义
难以割舍的蓝
等到光芒万丈那一天
只有一次的绽放

2

是谁说过
和平年代
最大的兵荒马乱就是
故乡里的那些和你有关的
人的离世

回家，是一个温暖的字眼

文/马宗武

在《回家》中
我们看到一个个怀揣着梦想的人
艰难地一步步走向前方

这几年，跟故乡的朋友通话，总能听到某某又不在的消息。

这些相继离世的人，大多是我的长辈。他们看着我出生，看着我长大。我穿过胡阿姨给我做的棉袄，吃过钟妈妈烙的韭菜盒子；我至今还记得楼上的王叔叔教我唱的样板戏，更忘不了李奶奶在我离开故乡时塞到我手里的二百元钱……

从精神意义上讲，这些平凡而普通的人，就像是我的父亲和母亲。可如今，他们都已谢世。像春季过后的花朵，一朵接着一朵地凋零。

2011年，二姐得了癌症去世，故乡在我心里由此又少了一种温暖。这逐渐递减的过程，使我每每听到别人说起“回故乡”，心里都会涌起一股酸楚。

慢慢地，故乡在我心里已经成了一个地理名词和文学符号。

是谁说过，和平年代，最大的兵荒马乱就是故乡里那些和你有关的人的离世。正是在这样的时候，我读到了作家海飞的最新长篇小说《回家》。

按说，小说里的故事和我们如今的和平年代离得很远。

那是1940年的浙江鄞县，虎扑岭上展开了一场惨烈的阻击战。一群幸存下来的小人物流落到了宁波小镇四明镇。一座祠堂，聚拢了三十六名伤兵、几个女人、战地记者、日本俘虏等各色人物。虽然身份、立场不同，他们却有个共同的心结——“回家”。国军第三十五团的十五岁少年号兵蝈蝈想回家上山打核桃，新四军幸存队伍的队长陈岭北想回家娶他的女人棉花。祠堂内，并无波澜；祠堂外，暗流涌动。一支日军先头部队正在集结并迅速到来。受伤的国民党军士兵和正在养伤的新四军伤兵，在这个紧要关口将作何抉择?

这样讲述残酷战争的小说，却用了“回家”这样极具温情的标题。

前不久，我有幸采访了海飞，他说，写这本书他是受到了一部美国纪录片的启发，“那是一个关于大兵回家的纪录片，镜头里没有任何的英雄主义。他们不提前通知大兵的家属，摄像机一路跟拍，细腻地记录了家人看到大兵回家的第一反应，深深地触动了我。其实无论对军人还是军人家属，‘回家’都是一个温暖的字眼”。

读《回家》时，我很惊叹于海飞讲故事的能力，但推动着那些千回百转的故事的，是海飞对人性的浓厚兴趣，作者以“回家”这一意念来统摄这部作品和作品中的大多数人物。几乎所有的人物都想早早回家，仗没打完也没关系，侵略者还没被赶走也没关系，任何原因都阻挡不了回家的念头。实际上，“家”在他们的心目中已不是通常的意义，它已成为一种形而上的东西，成为一种既是肉身的也是精神的归宿的象征。

海飞说：“‘回家’是这
个世界上
最温暖的字眼，
温暖得如同‘棉花’。”

家就是和平，家就是真善美，家就是最理想的人性。

然而，在战争年代，在侵略者用炮火和铁蹄说话的岁月，这样的家是虚幻的，因而实际上是不存在的。战争用残酷的事实驱除了陈岭北和他带领的伤兵们心头的梦幻……最终，梦幻破灭之后的陈岭北们终于惊醒，他们这支奇怪组合的杂牌队伍，没有一个人再想回家，而是一起到南通加入新四军，继续接受战火的考验和洗礼。

采访中，海飞说得很动情，他说：“‘回家’是这个世界上最温暖的字眼，温暖得如同‘棉花’。但是有战争，回家就变得无比奢侈，路途漫长。而一声枪响，往往是某场或大或小的战争的序幕。”

这些兵因为养伤而逗留在小镇，其间就在小镇上发生了一些日光之下散淡的琐事，殊不知战争慢慢逼近，最后每个人还是不可避免地卷进了一桩谁也逃不掉的战事，这些隐没在人群中就会消失不见的普通伤兵，最后被迫在血与火中奋起抗击……他们的人性经受着战争的考验，虽有游移、落寞，但悲壮是其中的主色调。

在《回家》中，我们看到一个个怀揣着梦想的人，艰难地一步步走向前方，比如，作品中成为阅读聚焦点与亮点的那个叫陈岭北的汉子。他在残酷的境遇下慢慢坚强起来，是因为回家的愿望在他的心里越来越炽热，如同一棵春天的草一样疯狂地生长着；是因为“回家那条铺满阳光的路，在他的脑海里显得无比的漫长，像一道通向天边的光线”。就是这条光线，不断地鼓舞着他，让他从逃兵变成领路人，从明哲保身变成赴死在前的勇士，他在血与火的锻打中，不断成熟、强大。

而在回家路途上陆续进入队伍的几位女性——柳春芽、小碗、海棠等，均敢爱敢恨、大义凛然，她们的性格中有着中国女性的美好与力量，而她们身上体现出来的在残酷战争中温暖的人性，则是作品中时时发光的突出亮色。

不知道为什么，读这本书的过程中，我的眼前始终出现的都是故乡里的情景：高大的井架，低矮的灌木，远处旺盛生长的胡杨林，身边温暖亲切的街坊邻里。他们似乎在召唤着我，让我再踏上回家的旅程。因为，我的血脉早就深深地扎根在故乡的土地，故乡的一草一木，无论走多远，它们都在我的心里。

我想，一部文学作品所能产生的最神奇的化学反应，就在于它和个体的生命产生了共鸣，让你在纷繁芜杂的世界里感受到美好，也感受到力量。

厚夫，还原一个——形神兼备的路遥

文/马宗武

《路遥传》
从路遥的祖辈写起
一直写到路遥英年早逝
让我们重新走进那个黄土高原汉子

随着电视连续剧《平凡的世界》的热播，很多人开始重新关注这部电视剧的原著小说作者路遥。

路遥是我个人非常喜爱的作家，我曾在人生最苦闷的时候读了他的作品《人生》《平凡的世界》，特别是《平凡的世界》一书一直感动和激励着我，让我在纷乱的人生中不断奋进。

用了大约一周时间，我读完了厚夫的《路遥传》。

原本，只是想了解一下路遥，有些好奇，想看一个究竟，想看个作家是怎么生活的。但看着看着，我的心情愈来愈沉重，随着路遥人生轨迹的不断延伸，借助厚夫的笔触，我强烈地感觉到，一个人活着是多么的不容易！

我们一般的读者在读路遥的作品时，会从中受到教益、受到熏陶，甚至会徜徉在作者为我们营造的艺术氛围里，感到一种特别的愉悦。殊不知，这个作品当初在完成时是多么的艰难，仅凭此一点，我们就应该特别感谢路遥这位伟大的艺术家！

《路遥传》从路遥的祖辈写起，一直写到路遥英年早逝及其影响。

路遥的祖祖辈辈都是地地道道的农民，路遥是贫苦农民的儿子。尽管因生父母生活艰难，把他过继给生活好一点的养父，但依然是非常艰难的。幸运的是路遥有学可上，上完了初中，加之路遥的聪明和努力，取得了优异的成绩，这为他进一步学习文化和以后的写作奠定了基础。

只是，正当路遥满怀信心要上高中时，“文革”开始了。“文革”使路遥有过一段短暂的辉煌，但也严重地影响了路遥的生活。厚夫先生在书中详细地记述了路遥的“文革史”，让我们也真实地看到了那场政治狂欢给普通人带来了多么巨大的影响。

“文革”渐近结束时，路遥渐渐走上了文学的道路。

当1973年高等学校招收工农兵学员时，经过种种周折，他终于进入延安大学中文系学习。这件事也使他更加顺利地走上了文学的道路。1976年，路遥大学毕业，从此就与文学结下了不解之缘。最终以骄人的文学业绩傲立于中国当代文坛。不幸的是，路遥因为太热爱自己的文学事业，他几乎是用生命和血泪铸就了他的文学大厦。在1992年11月17日，终因积劳成疾，英年早逝。

厚夫在客观地叙述路遥辉煌而悲壮的一生事迹时，巧妙地穿插进自己作为一位作家那饱含感情的独特感受，进行画龙点睛式的评论和分析。因为厚夫一直是路遥的追随者和研究者。他和路遥是同乡，是延川作家群体中的一分子，对路遥所生活时代的种种政治事件有足够的研究和认识，对陕北文化和民俗了如指掌，所以在分析路遥的个性、生活及其创作时，就显得非常中肯。

所以，这本书对路遥一生的叙述，既让读者看到了路遥的辉煌与幸福，也看到了他的烦恼和普通。

路遥可以说既是一位极其勤奋卖力的写作者，也可以说是一位天才的作家。他的作品一开始就有惊人之处。在完成了一些短篇小说和中篇小说之后，他很快就攀上了《人生》这座艺术巅峰。正当大家以为他会暂时沉寂，恐怕一下子无法超越自己已有的辉煌时，路遥经过一段短暂的调整之后，就又拿出了《平凡的世界》这样令亿万读者震撼的巨著。正是由于这些骄人的成绩，使得路遥踌躇满志，领受到了一个伟大作家该有的辉煌和荣耀。

但是，我们也从书中真切地看到了作为一个普通人的忧患和烦恼。路遥在繁忙的创作中，还要照顾生他养他的两个贫困家庭，他的生活常常出现拮据，他要照顾年幼的女儿，他要面对不太和谐的婚姻。特别是他在写作《平凡的世界》时，生活极其艰难，尤其是吃饭，常常是饥一顿饱一顿，甚至是凑凑合合。即使出国，即使去北京领奖，他的经费也是那么紧张。这一切的一切，都令读者感叹唏嘘！

尽管路遥的自我奋斗是值得我们敬仰的，但是，路遥的成就也离不开许多好心人的帮助和扶持。这也令读者感到了人间真情的可贵。厚夫对这些也用了很多的笔墨。在路遥的一生中，有许多人在通过不同的方式帮助他。

在他幼小时，生活无着，是他的生父和养父帮了他；在他上学，生活、

折腾吧
小青年
Enjoy! You Youths
听听老歌 好好生活
李峙的不老歌
Lizhi's Blog

折腾吧
Enjoy! You Youths
小青年
听听老歌　好好生活
李峙的不老歌
Lizhi's Blog

折腾吧
小青年
Enjoy! You Youths
听听老歌 好好生活
李峙的不老歌
Lizhi's Blog

学费无着时，老师和同学帮了他；在他遭遇“文革”而无法解脱时，有许多关键人物帮了他；在他想上大学时，申易等领导和延大的领导、老师帮了他；在他厌倦政治走向文学时，曹谷溪等人帮了他；他能顺利完成大学学业，他的妻子林达帮了他；他能攀上文学的高峰，没有他的弟弟王天乐更是不可能的。还有许许多多的人都在帮他……

在众多亲友的扶持之下，路遥凭借自己顽强的拼搏和艺术天赋，创造出了辉煌的文学业绩，赢得了世人的赞誉。我们应当为路遥的成绩而歌唱，也应当向帮助路遥的人们致敬！

当代人物传记，尤其是名人传记的写作，面对着的既有社会大众，尤其是广大青年渴望成功的励志渴盼，又有将他们理想化、完美化的追星心理；既有尽可能真实的历史和社会，专业研究的责任和良知底线，又有亲属、朋友出于各种不同原因的对于名家、大师的维护和对事实乃至细节的挑剔。

为尊者忌，为他者讳，只说好不说坏，几乎成为所有当代传记文学的通病，作为一部面向广大读者、研究者、文坛同行、青年崇拜者的路遥传记，如何在纷繁的材料中选择取舍，再现他的性格、心理、精神的真实，人生及文学道路的真实，更是对作者的严峻考验，拜路遥家属的开明和放手所赐，在突破可能的禁区，在真实可信方面，这本《路遥传》给人留下了深刻的印象，并成为它成功的标志。

《路遥传》的作者厚夫不仅是路遥生前的忘年交，还是路遥文学馆的馆长，所以比较有话语权和说服力。

他的叙说娓娓道来，让我们重新走近那个黄土高原汉子，看他孤独地凝望黄土地，寂寞地抽着烟，眉头紧锁地思索着人物走向，忽然就下笔千言，堪如平原走马。

路遥虽然去了，仍活在人们的记忆里。

厚夫和路遥是延川县中学的校友。至今，仍有许多老师对路遥的事情如数家珍，他们称路遥为“我们的路遥”，语气里带着无限骄傲；“路遥在这个窑洞里住过”，好像路遥从没离开过从没走远一样。

“路遥是累死的。”厚夫心疼无比而又惋惜地断言。

路遥是文学道路上的“苦行僧”，在磨砺自己精神的同时，也摧残了自己的身体。这种毁灭式的写作促使三百万字的文学巨著问世，也使得路遥这颗恒星异常耀眼，可是却加速焚烧了我们可敬而可爱的作家，使他过早地离我们远去。

不知道这是路遥的幸运还是路遥的悲哀？不知道这是我们的幸运还是我们的悲哀？

痛惜之余也要告诫后来者，这不是健康的写作方式。

读完这部作品，心情久久难以平静，我在跟作者厚夫交流的过程中，也深深地被他严谨的写作态度所感动。为了真实地体验路遥当年艰辛的创作过程，他坚持用手写完成了《路遥传》。

厚夫告诉我，完成《路遥传》的那天是2014年2月6日，那天晚上，延安下了一场大雪。厚夫开着车带着爱人和孩子来到枣园，这也是路遥曾经工作和生活过的地方。下了车，鹅毛大雪铺天盖地而来，那一刻，因为写这本书而压抑已久的心顿时轻松了，厚夫像是考完了一场试忽然轻松的孩子，呼吸着清冽的空气，拉着老婆孩子在雪地里狂奔，尽情地释放自己。

他觉得，自己终于可以告慰他所崇拜的一代文学巨匠路遥了。

功名

或许从来都是

眷顾肯付出的人吧

惬意的睡前阅读时光

文 / 马宗武

我坚信
那些文字里
包含着爱
也包含着改变

我在北京的夜色里做一档电台读书节目。

在喧嚣落定以后，倦意袭来之前的晚9点到10点，每天我都带一本好书走进直播室。有时候自己安静地阅读，有时候和作者热烈地分享，这样的过程或者酣畅淋漓，或者平静舒缓，但都惬意万分。

我们现在所做的事情，都源于我们内心深深的眷恋。我们的爱，我们的恨，都来自往昔，而我们的过往和现在，决定着自己的未来。

二十几年前，十几岁的我开始在故乡新疆做汽车修理工。

经济的窘迫和现实的无奈，让我的生活沉重而灰暗，唯一能带给我美好的就是一个半导体和一本被翻烂的汪国真的诗集。我在忙完一天的工作后，脱去油腻的工作服，擦去汗水，卸下疲惫，在一盏昏黄的灯下打开半导体，听那个黑匣子里传来的各种声音，电影中的对白，午夜温柔的浅吟低唱，还有那些海量的离我遥远又新奇的各种信息。关掉半导体，我通常会在入睡前读几段汪国真的诗，那些简单又充满哲理的文字深深地吸引着我，让我知道，这世界，除了苟且地活着，还有诗和远方牵引着我。

从汪国真的诗歌开始，我慢慢地读到了路遥的中篇小说《人生》，长篇巨著《平凡的世界》，读到了托尔斯泰的《安娜卡列尼娜》。

他们都是我在其他工友入睡之后，在昏黄的灯光下，一点点读完的，每天睡前的阅读习惯从那个时候开始慢慢养成。也就是这样的睡前阅读，支撑着我在灰暗的青春岁月里默默地成长，让我懂得爱，懂得坚持，懂得捋清纷扰，为自己燃一盏希望之灯。

循着内心的这盏灯，二十七岁那年，我终于下定决心离开了故乡，开始在北京温暖的阳光下寻找梦想绽放的翅膀。

因为起点低、底子薄，我通常都在学校自习室里学习到深夜。不过，回到宿舍，洗漱完毕，睡前的阅读却依然坚持着，它已经成了我生命的一部分，仿佛就这样呼呼睡去，是一件多么罪恶的事情。那个时候，我并不清楚，睡前阅读，这样一个微小的习惯有着怎样的力量。

生活，就是在一点点的坚持中生发出希望的吧。

三十岁那年，我第一次走进中央人民广播电台的大门，成为一名国家电台的主持人，我见到了那些曾经带给我温暖和感动的声音背后的真实面孔，之后我和他们并肩走在了一起，从诚惶诚恐到安静从容。

这些年，我在中央人民广播电台先后主持过新闻资讯节目、音乐情感节目、生活服务节目。

2013年，我被领导安排做读书节目“品味书香”的主持人，这档节目曾经几易其主，大家都是因为忍受不了做读书节目繁重的案头工作和与做娱乐节目相比受众的稀少。

于我，却不是那么抵抗。

一直以来对于阅读的喜爱和因为阅读对我人生的改变，让我下定决心接下了这份工作，从与出版社对接到确定书目、联系作者或者编辑、制作片花，再到完成稿件，进入直播，每天将近十个小时的工作强度，一周六天的工作量，却让我尝到了无尽愉悦。

节目是在每晚9点到10点播出，每次完成节目，走出电台大楼，都有一种踏实充盈在心间，我知道，因为我的付出，会让一些因为生活匆忙而没时间翻开书本的人获得精神食粮。白天，他们为生计奔波，但在夜里，他们可以给思想一次饕餮，虽然我的影响力有限，可是只要坚持，终究会有些不同的，就像我所坚持的睡前阅读一样。

功名，或许从来都是眷顾肯付出的人吧。

有幸，2014年，我主持的“品味书香”节目获得了多个奖项，在北京同时段的节目中也排名前列，我收获了很多的掌声和肯定，他们都来自那些我从未谋面过，但却在暗夜里听我读书的人们。

或许这个世界上
值得被信赖的事情越来越少
但阅读不会。

如今，我还是会在入睡之前拧开台灯，伏案桌旁读几页文字，我相信阅读的力量，更相信文字的力量，或许这个世界上值得信赖的事情越来越少，但阅读例外。

我坚信，那些文字里，包含着爱，也包含着改变。

生活中只有一种英雄主义
那就是认清生活的真相之后
依然热爱它

生活的英雄主义

文 / 马宗武

生活的残酷严峻
远比余华的小说《在细雨中呼喊》
的开头
还具有狰狞和张力。

对于很多人来说，北京是他们的梦想之都。

有人幻想在这座城市里经历喜怒哀乐，最终成为自己故事里的主角；有人希望能够在这里奋斗拼搏一展拳脚，最终跻身上流社会。

然而，当他们各自怀揣着美好来到这里的时候，有人却逐渐迷失在这座城市车水马龙的浮华和喧嚣之中，也有人逐渐感受到隐藏在这座城市内心深处的坚硬和冷漠。可是，他们依旧爱北京，爱它的不近人情，爱它的灯红酒绿，爱它的转身陌路。他们依然努力地汲取暖度，希望能在这一片雾霾之中重新找回曾经的梦想和方向。

对声音的热爱，源于我在故乡新疆修车时的经历，物质生活贫乏还能忍受，下班后无处可去成了年轻人最痛苦的事情。一起修车的师兄弟们很快找到了打发时光的办法，他们下了班不是喝酒就是打牌。

而我，从小就不喜欢这些，于是听广播成了那时的我最好的消遣。

渐渐地，声音世界带我打开了一扇通往外面世界的窗口。

我在这个世界里获得知识、得到乐趣，同时也对声音本身充满了向往。于是，每天天不亮，我就穿好衣服，拿着收音机到户外去听，因为那时，我的舍友们多半还在睡梦中。晚上收工后，我又会打开收音机，如饥似渴地倾听里面传出的声音，那时工友们都觉得我有些“不对劲”，因为不合群，也不参与他们的打牌、喝酒活动。

在他们眼中，我成了一个异类，一个狂热的异类广播爱好者。

现在想来，正是那时狂热地喜欢广播，喜欢那个黑匣子里传出的声音，才奠定了我成为一名广播主持人的基础。更于二十六岁那年，当青春只剩下最后一段旅程时，我终于决定离开故乡，来到只在收音机里才听到过的北京城，开始追逐声音的梦想。

生活的残酷严峻，远比余华的小说《在细雨中呼喊》的开头还具有狰狞的张力。

穿越无数障碍，终于考上了中华女子学院的播音大专班。

这是中华女子学院历史上第一次招收男生。学校只有女生宿舍，原本就不大的校舍根本无法腾出一间宿舍给我这个唯一的男生。

几番周折，我终于租住在了学校附近一个即将拆迁的破旧的小区里。

如今，那里已是一片别墅区，豪华气派的别墅群里，出入的人非富即贵，可当初那里是一片荒地，那份沉寂足以让人心灰意冷。

我住的是一间地下室，每个月房租二百块钱。里面阴暗潮湿，没有窗户，终日不见阳光，洗过的衣服，晾晒了几天还是湿漉漉的。在阳光下暴晒过的被子刚铺到床上不久，就又泛出湿润感。等我一年后搬家时，掀开床铺看到地面角落边生长出一小撮蘑菇。为了避免身体生病，我入睡时把双手垫在身体上最脆弱的腰部，这个习惯直到搬进楼房很久后才改掉。

当时最大的也最直接的渴望，就是能搬到地面上，住进地下室上面的楼房里。

也是，精神食粮是大于物质快餐的，我可以做到一块豆腐乳外加两个馒头就能饱餐一顿。室内的隔断木板极不隔音，夜里在挑灯看书时，能准确听闻到正酣畅的隔壁鼾声、放屁声以及床笫之欢声。

一年后我搬进学校附近的一间平房里，说是平房，实际上是个“违章建筑”——民房上加高的一层，墙面与屋顶的用材是建筑工地上临时搭建工棚的白色塑料板。

虽然也是斗室，空间只能安置一张单人床和一张写字桌，但终见阳光。这一住就是近三年，越来越多的书把整个书桌压得几乎垮塌，然后在书桌下方立上一块木板，最终还是放不下，索性去门外的小卖部搬回几个破纸箱子，装满，塞进床底下，日久尘封。

用纤维板制成的屋顶和墙壁，最怕酷夏的烈日、寒冬的冷风。

夏日正午，阳光像能穿透屋顶一般射进来，室内开着的一台小型电风扇吹的尽是热风。冬天的夜里，在暖气还没来的时节，寒风能灌进小窗户，外加的一层塑料难以抵御，索性把多余的被子塞满整个窗户，再用透明胶封住，屋内很快温馨一些。

除此以外，都是无比惬意的时光。

尤其是夏天落雨时，在雨点砸落屋顶发出的“滴答”声响中阅读，是一种难得的幸福享受。我经常以这种方式度过一个不眠之夜，听广播、读书直到天亮困倦来临才昏睡去。

那些年，对声音的热爱支撑着我的全部，我几乎所有的时间都用在练声、追求吐字发音的规整上。除此之外的时间，就是阅读文学书籍和读写英语，追梦的人生惬意而充实。

有一次凌晨3时多，外面下起了雨，深秋起风，寒意十足。

我从学校自习室里完成了学习，打算乘坐夜班车回家，每班车间隔一小时，前一班车刚启动、追赶不及，下一班车也可能会因为雨天更改时段而随时会来。我就这样瑟瑟发抖地在路牌下的雨中站了一个小时。那天，我没带任何雨具，全身很快淋透，打车回家只要十多块钱，而乘坐公交仅需四毛钱，尽管身上还有一百多块钱，但完全不舍得多支出这笔钱。

被雨淋着的一个小时里，我对狼狈的自己暗下决心：我要永远记得这一天。有一天，自己一定会随时就可以毫不吝惜地打车。

几年之后，我的这个简单希望实现了。

当我无数次路过那一站时，经常会向这个公交站牌注目良久，我想看看在这些人群中，是否有那个在几年前雨中候车的影子。那天在雨中的狼狈和绝望，让我今天依然不寒而栗，却又熟悉亲切。但是，我更感谢自己在那天的坚持，感谢那天的风雨让我学会了对生活的一份特殊珍重。

这份珍重，是在不知道理想究竟会哪一天实现之前，享受并感恩着一路以来的经历，并且在为努力渐近那个目标的过程而喜悦和幸福。

多年以来，我最爱的一句话还是：生活中只有一种英雄主义，那就是认清生活的真相之后，依然热爱它。

杨绛，走在人生边上的思考

文 / 马宗武

我们与世无争，与人无争
只求相聚在一起
相守在一起
各自做力所能及的事

北京三里河一个属于国务院的宿舍小区，全是三层楼的老房子，几百户中唯一一家没有封闭阳台、也没有室内装修的寓所，便是杨绛的栖身之处。从1977年一家人搬进来，她就再没离开过。一晃三十多年了，曾经的“我们仨”，只剩下这位在2014年7月17日迎来一百零三岁诞辰的老人，她有时也会喃喃自语：“家在哪里，我不知道，我还在寻觅归途。”

但从那时起，杨绛就把这间寓所称为“人生的客栈”，欢乐与伤悲来来往往，都成了过客，已没有什么可以扰乱她平静的心灵。杨绛开始独自一人全身心整理钱锺书的学术遗物——她把这叫作“打扫现场”，每天的生活简单而规律，笔耕不辍，深居简出。在她身上，人们往往忘掉时间的残酷：一百多年无情而漫长，而这位女性始终一如既往地柔韧、清朗、独立，充满力量。

杨绛在她的《我们仨》中这样写道：“我们这个家，很朴素；我们三个人，很单纯。我们与世无争，与人无争，只求相聚在一起，相守在一起，各自做力所能及的事。碰到困难，锺书总和我一同承担，困难就不复困难；还有个阿瑗相伴相助，不论什么苦涩艰辛的事，都能变得甜润。我们稍有一点快乐，也会变得非常快乐。所以我们仨是不寻常的遇合。”

从1994年开始，钱锺书住进医院，缠绵病榻，全靠杨绛一人悉心照料。不久，在北京师范大学任教的女儿钱瑗也因肺癌住院，女儿与钱锺书相隔大半个北京城，当时八十多岁的杨绛来回奔波，辛苦异常。钱锺书已经病到不能进食，只能靠鼻饲，医院提供的匀浆不适合吃，杨绛就亲自来做，做各种鸡鱼蔬菜泥，炖各种汤，鸡胸肉要剔得一根筋没有，鱼肉一根小刺都不能有。

杨绛在后来的文章中回忆道："锺书病中，我只求比他多活一年。照顾人，男不如女。我尽力保养自己，争求'夫在先，妻在后'，错了次序就糟糕了。"

1997年，被杨绛称为"我平生唯一杰作"的爱女钱瑗去世。一年后，钱锺书临终，一眼未合好，杨绛附在他耳边说："你放心，有我呐！"内心之沉稳和强大，令人肃然起敬。杨绛说：我们三人就此失散了。就这么轻易失散了。"世间好物不坚牢，彩云易散琉璃脆。""锺书逃走了，我也想逃走，但是逃到哪里去呢？我压根儿不能逃，得留在人世间，打扫现场，尽我应尽的责任。"

当年已近九十高龄的杨绛笔耕不辍，开始翻译柏拉图的《斐多篇》，并将丈夫钱锺书七万余页的笔记悉心整理出版。2003年，《我们仨》出版问世，这本书写尽了她对丈夫和女儿最深切绵长的怀念，感动了无数中国人。而时隔四年，九十六岁高龄的杨绛又意想不到地推出一本散文集《走到人生边上》，探讨人生的价值和灵魂的去向，被评论家称赞道："九十六岁的文字，竟具有初生婴儿的纯真和美丽。"走到人生的边上，她愈战愈勇，唯愿"死者如生，生者无愧"。

2001年杨绛以全家三人的名义，将高达八百多万元的稿费和版税全部捐赠给母校清华大学，设立了“好读书”奖学金。杨绛在捐赠仪式上的说，这次是一个人代表三个人说话。杨绛说：“我是一个人代表三个人，我自己一个，还有已经去世的钱锺书，和我们的女儿钱瑗，那个时候，我跟钱瑗在钱锺书的病床前边，我们一起就商量好了一件事，就是说，将来我们要是有钱，我们要捐助一个奖学金，这个奖学金呢就叫‘好读书’奖学金，不用我们个人的名字，这是第一句话；第二句呢，‘好读书’奖学金的宗旨是扶贫，因为我们看到富裕人家的子弟，他们如果要升学呢很方便，可是贫穷人家的儿女尽管他们好读书，而且有能力好好读书，可是他们要上一个中学就有种种困难，上大学就更不用说了。‘好读书’奖学金的宗旨就是要鼓励和帮助家境贫寒的学生。‘自强不息’是‘起’，起点的起；‘厚德载物’是‘止’，‘止于至善’的‘止’。这八个字很完美，清华的校训也就是清华大学‘好读书’奖学金对于得奖学生的期望。”

截至2012年底，“好读书”奖学金捐赠累计逾千万，受到资助的学生已达数百位。“好读书”表达了杨绛一家三口对生命和灵魂的全部要求和期待。永远上进，自强不息，这股知识分子的清流所及，必将草木茂盛、春暖花开。

杨绛与钱锺书一样，出了名的不喜欢过生日，她曾经为了逃避打扰，专门躲进清华大学招待所住了几日“避寿”。她早就借翻译英国诗人兰德的这首著名的诗，写下自己无声的心语：“我和谁都不争、和谁争我都不屑；我爱大

简朴的生活
高贵的灵魂
是人生的至高境界

自然，其次就是艺术；我双手烤着生命之火取暖；火萎了，我也准备走了。”

“简朴的生活、高贵的灵魂是人生的至高境界。”这是杨绛非常喜欢的名言。在许多朋友的眼里，杨绛生活异常俭朴、为人低调。她的寓所，没有进行过任何装修，水泥地面，非常过时的柜子、桌子，老旧的样式，始终安之若素，室内没有昂贵的摆设，没有书房，只有一间起居室兼工作室，也当作客厅，但每间屋子里有书柜，有书桌，所以随处都是书房。杨绛总是说，我这样已经很好了，这是我们自己的一种生存方式。一些淡雅的花草，散摆在案头和阳台，给她带来一些春的气息。

如果说杨绛先前的作品观照的是世事、是社会，那么她晚年的作品则是在观照自己。2007年，杨绛出版了散文集《走到人生边上》。每个人迟早都要面对死亡，无论是佛教、道教还是基督教，对于死亡都有一套自己的解释系统。《走到人生边上》可以看作是杨绛对于生死以及人的本性、灵魂等哲学命题的一次终极思考。杨绛在文中这样写道：“二OO五年一月六日，我由医院出院，回三里河寓所。我是从医院前门出来的。如果由后门太平间出来，我就是‘回家’了。躺在医院病床上，我一直在思索一个题目：《走到人生边上》。一回家，我立即动笔为这篇文章开了一个头。从此我好像着了魔，给这个题目缠住了，想不通又甩不开。老人的前途是病和死。我还得熬过一场病苦，熬过一场死亡的苦，再熬过一场炼狱里烧炼的苦。老天爷是慈悲的。但是我没有洗炼干净之前，带着一身尘浊世界的垢污，不好‘回家’。”

杨绛这次走到人生边上，亲临生死一线之间的经历，让“回家”的路附着了更多体验，更多关于人类生命、死亡的本真体验。

杨绛的死亡观，对死亡、死亡与生命的关系的看法，对人类终极宿命的观照，有一个与自身生命共进的过程。她相信灵魂不死，不再对周遭事物的短暂和生命的匆促感到不安，不再无可奈何地发出人生一切只是梦幻泡影的喟叹。在《走到人生边上》中，她这样写道："我试图摆脱一切成见，按照合理的规律，合乎逻辑的推理，依靠实际生活经验，自己思考。我要从平时不在意的地方，发现问题，解答问题；能证实的予以肯定，不能证实的存疑。这样一步一步自问自答，看能探索多远。好在我是一个平平常常的人，无党无派，也不是教徒，没什么条条框框干碍我思想的自由。而我所想的，只是浅显的事，不是专门之学，普通人都明白。"

一个人到底该怎样度过晚年，如何面对人类最终的命运？这是人最深层次的问题，数千年里无数贤哲一直争论不休，回答这样的问题担子太重。杨绛的生命一路沉甸甸地奔腾流淌，灵魂曾在抗争中受伤，鲜血梅花一般溅落、流溢。于人生边上万般苦思和断想中，她描述人类的困惑与祈愿、渴望与希冀、生命之本或精神之魂，"九蒸九焙"之后的沉静里，满是历劫后的积淀和大彻大悟。

杨绛走在人生边上思考生命本源，思索天地生人的目的，思考天命大戒，成了一个新世纪的灵魂启蒙者。人人受锻炼，受锻炼的是灵魂。她的灵性良心如清水般洁净、通透，正是人类本性之魂。正如她在作品中写到的，

“这纯洁的、看不见的灵魂离开了人世，就到那看不见的、神圣的、不朽的、有智慧的世界上去了。灵魂到了那里，就在幸福中生存，脱离了人间的谬误、愚昧、怕惧、疯狂的热情，以及人间的一切罪恶，像得道者说的那样，永远和天神们住在一起了”。

一百零三岁的杨绛，在夕阳余晖中吟唱生命之歌，经历时间洗练的思想和情感，散发着精粹的、最具人性的光辉。繁华尽落之后的真淳，生命最后状态里的饱满，是她留给世界的最美的风景。著名学者周国平说：“这位可敬可爱的老人，我分明看见她在细心地为她的灵魂清点行囊，为了让这颗灵魂带着全部最宝贵的收获平静地上路。”

文 / 宫伟

难以割舍的蓝

他，难以割舍的始终是海
他说，潜到深海里的时候
找不到自己浮上来的理由

影片对白

乔汉娜：“潜水痛苦吗？”

雅克：“很痛苦！”

乔汉娜：“那为什么你还要潜水呢？”

雅克：“潜水的痛苦在于，当我身处海底时，会找不到让自己浮出水面的理由。”

——《碧海蓝天》

人生在世，似乎总要融入社会，一切才可以顺理成章：与同事携手工作；交几个朋友；遇到一个知心爱人，组成家庭，生育下一代，然后鸡毛蒜皮、柴米油盐地过下去。做一个社会人似乎是注定的结果，可融入社会的过程却也磨去了大多数人身上的棱角，原本个性不同的人也渐渐有了相似的模样。

但总有这样的人，无论如何都无法与这个社会携手并肩。他们给人的感觉就是浑身带刺，让人难以靠近。与他们有关的故事，也总有几分传奇的味道。

1988年，法国导演吕克·贝松还没只身前往好莱坞发展，还没有拍出那部惊世骇俗的《这个杀手不太冷》，也还没有在自己的作品中掺杂太多与商业有关的考虑。这一年，他拿出了自己导演的第二部作品《碧海蓝天》。两位个性鲜活的潜水员，一段难以割舍的与大海的爱恋，让“吕克·贝松”这个名字第一次享誉世界。

电影在法国引起巨大轰动，在电影院的持续放映时间甚至超过了一年。

《碧海蓝天》有一个极富诗意的英文译名，*The Big Blue*。最纯粹的蓝，一定与海洋有关：热爱大海的雅克，一直想与大海为伍。即使在他年少时，父亲在一次潜水意外中被大海吞噬也难以动摇这个梦。雅克的童年伙伴恩佐同样擅长潜水，也热爱大海。但他的爱似乎没有那么纯粹，恩佐更享受的是天赋带给自己的功成名就。早在孩提时期，雅克和恩佐就曾在潜水这件事情上互相较劲。成年后的他们虽然各奔东西，但命运的怪力却似乎总想把他们拉到一起。一次挑战潜水极限的比赛让他们再次重逢，潜水实力的又一次比拼，生命与海洋之间的角力也正式拉开了大幕。

作为最接近大海的人，雅克和恩佐是对手，也是知己。由让·雷诺饰演的恩佐让人印象深刻。他好强，玩世不恭，执着地奔向一个又一个深度的海底，去征服，然后享受征服的快感。如果没有遇到雅克，或许孤独求败的他也会走上同样的不归路。然而与雅克的重逢，仿佛是血脉相连的约定，他们终将通过一次比赛，找到自己灵魂的归宿。

最让人难以割舍的，还是雅克和乔汉娜的爱情。

想起，一句话来
因为爱你，我会用我的深
深眷恋
成全你的碧海蓝天

如同这蔚蓝的海，他们的爱纯粹清澈，然而因为他的爱还分给了蔚蓝的海，乔汉娜的悲伤也是清澈透明的，他们那不能圆满的爱情，更是让人心痛不已，为了他们那不能圆满的爱情。

记忆里最深刻的镜头，是乔汉娜趴在岸边看海豚的眼神和笑容。那物什，眼睛透明得像一块灰色的水晶，不含任何杂质，如同阴霾里洒落的一地阳光，突然就那么纯洁地完全绽放开来。一瞬间，却也兀自难过起来，这个纯洁的家伙对这个世界是如此的一无所知，不知爱恨冷暖，纯洁得只看得见自己，如同某人。

然而，在秘鲁的冰川，冰雪漫天里，她还是隔着玻璃，看着潜入海底的雅克将一颗爱意的心交付，她掉入在他清澈的眼睛里，卸去的是一个女孩的羞涩。在离开的时候，她还带走了一张他的心跳打印条回到纽约，以为他的心跳就可以由此触手可及，如是心里兀自地快乐着、思念着。

在还没有得到爱情的时候，她自顾自地长成对爱充满憧憬和期望的快乐女子，笑容甜蜜而满足。

于是乎，她为了他追随到西西里的海岸。

她裹着单薄的毛衣，在寒冷的冬夜，无助地给他打去电话：“I have my job. I have my work. I have my life.”可是，因为爱的不确定，这个为了爱而卸去了所有锋利的女子，突然狠狠地难过起来。放弃一切，奔赴一场未知的感情和一个未知的男人，于任何一个女子而言本身就是一种深浓的伤害，无关勇气，无关值得与否。

他们，在西西里度过了最美的时光，于乔汉娜来说应也是她一生中最美好的时光吧。

只是，最后，到最后，爱琴海热烈的阳光还是灼伤了她的眼睛。

雅克，仍始终固执地坚信着，坚信自己本就是来自于海，坚信寻找美人鱼就是自己的宿命。即便得知了乔汉娜已然怀孕，他仍是不顾一切地奔赴到海的深处。

他，难以割舍的始终是海。他说，潜到深海里的时候找不到自己浮上来的理由。

而乔汉娜，难以割舍的却是对他的爱。即便他爱海胜过爱自己，但是依然无法找到让她离开的理由，爱情使得她一再自欺欺人、作茧自缚。尽管，她看着那片表面蔚蓝的大海的深处是无尽的冰冷和黑暗，她仍是不顾一切地放弃所有来追随他。

于我们这些观者，难以割舍的是他们那段爱欲不能圆满的蔚蓝色纯粹清澈的爱情。当乔汉娜疲惫地跳进海里，声嘶力竭地呼喊着："Let' s talk about my world. My world is you. Have a house with you. A car with you. A dog with you. You know? Jacques. I think I might be pregnant."而雅克仍自顾自地潜入蔚蓝的海里消失不见，甲板上的深夜里，独留衣着单薄的乔汉娜无助绝望地跪倒在地上时，应有许多许多似我的人忍不住失声痛哭出来了吧！

西班牙女人告诉乔汉娜："The end you did it alone."

所有的爱情，结局都是殊途同归。不管多相爱，不管多长久的拥抱，终究还是会分开的，这是冥冥之中注定的孤独，于这世间，我们都一样。

"Go. Go and see. my love."在西西里海水的绝望蓝色里，乔汉娜终于放开了手，她终明白雅克始终不是属于自己的，这是宿命，无法逆转，唯有认命，别无其他。

想起一句话来，“因为爱你，我会用我的深深眷恋，成全你的碧海蓝天。”

吕克·贝松曾经多次表示，《碧海蓝天》是他最满意的影片。毕竟这是他第一次有机会拿起摄影机，把少年时朝夕相伴的海洋，还有那些激情与梦想拿出来给这个世界看一看。他用炙热的镜头语言，在这片海洋里融入了孤独患者的过敏症状，或者说，是理想主义者的最后守望。

大海被吕克·贝松拍得美到极致，美到似乎每个入戏的观众都可以轻易地找出这两个男人何以对大海痴心一片的标准答案；大海又被吕克·贝松拍得无比压抑，压抑到让每个入戏的观众都无法以平静的心情看着演员在海洋里翻腾。从三百米到四百米，雅克和恩佐下潜的深度，也是每个看电影的人心跳下沉的深度。你总是被牵引在海的寂静里，你总是被压抑却又最后释然在海的释放里。大海带来了一切，大海也带走了一切。以至于只要看过电影，你会很难忘记这样的场景：蔚蓝的天空映照出这碧蓝的海，海水涌动着、涌动着，细小又迷人的波纹像是有意被描绘在了深蓝的幕布上一样。

或许在你的梦里，还会经常出现故事的开头：没错，雅克和恩佐的友谊和竞争从一枚硬币开始，他们的童年在白色和蓝色之间的穿梭中渐渐流逝，在希腊闪烁的阳光下，他们纵身一跃，各自寻找自己的梦想。

在很多影迷的眼中，恩佐和雅克从来就不属于这个世界，他们只属于海。世间的林林总总不过是挡住他们前路的山峰。翻过去，他们最终会与海洋相守余生。当雅克最终放手，与海豚一起消失在那片深蓝之中，或许你也会有这样的感受：每个人都需要一片海洋，一片可以让人沉醉其中、抚慰心中忧伤和愤恨的蓝色。

吕克·贝松常说："电影并非济世良药，只是一片阿司匹林。"

然而《碧海蓝天》的最大功效却并非解热镇痛。它可以让人在喧嚣中得到片刻的平静，在平静中想起最单纯的自己和曾经最质朴的梦。

我恨你，青春

文/宫伟

谁的年少不张扬
谁的青春不叛逆

影片旁白

“选择生活，选择工作，选择职业，选择家庭。

“选择他妈的一个大电视。选择洗衣机，汽车，镭射唱机，电动开罐机。选择健康，低卡里路，低糖。选择固定利率房贷。选择起点，选择朋友，选择运动服和皮箱。选择一套他妈的三件套西装……选择DIY，在一个星期天早上，他妈的搞不清自己是谁。选择在沙发上看无聊透顶的节目，往口里塞垃圾食物。选择腐朽，由你精子造出取代你的自私小鬼，可以说是最无耻的事了。选择你的未来，你的生活。

“但我干吗要做？我选择不要生活，我选择其他。理由呢？没有理由。只要有海洛因，还要什么理由？”

——《猜火车》

谁的年少不张扬，谁的青春不叛逆？

无谓，叛逆，挑战规则，蔑视一切。在电影《猜火车》里，这些青春的叛逆被演绎得淋漓尽致。本来青春正好的年纪，几个爱丁堡的年轻人却试图在毒品、暴力、滥交里把日子过成一堆垃圾。

电影《猜火车》像极了英国诡异的坏天气，它颠覆了传统，无论是从内容到形式，从表演到导演都散发出新新人类的叛逆气质，此前从来没有一部英国电影像这样疯狂过。

这样的一部片子，在英国也是备受争议的，更有人说它“引人吸毒”。是的，在这部片子里，没有苦口婆心的家长式人物在里面，更没有道德的矛盾冲突以及所谓的世界末日大审判，有的只是零观点的记录，所有的都是没有禁忌的赤裸裸呈现：在一个阴暗的公寓里，他们这群青年，处在一种无政府的状态下，享受的是一种前所未有的极乐世界。他们吸毒、滥交、暴力、打劫；他们做爱、脱衣、全裸、高潮，所做全然是一点掩饰也没有的堕落，过的也全然是灰暗至极的生活，但是，你观感里并没有反感，而是震撼，因为他们做了你没能更没敢做的事——彻底叛逆！

这样先锋的片子，怎么看都像是一场充斥负面情绪的英伦青年折腾史，但却被全世界公认为当时英国最具时代活力的影片。

所以，我们的年轻一代到底怎么了？也在电影上映之后成为全英国关注的问题。

英国导演丹尼·鲍尔1996年创作拍摄完成的电影《猜火车》，改编自英国作家艾文·威尔士1993年的同名畅销小说。

喜欢这部电影的人如痴如醉，不喜欢的人恨之入骨，没有中间派存在。

有一个名字叫青春
你可以在这里选择叛逆、张狂
然而，当这段日子过去
希望你可以不卑不亢地走进生活

贯穿始终的黑色幽默，充满现代感的画面处理，还有充满英伦摇滚风格的电影原声，让不少年轻人把《猜火车》奉为另类电影的经典。其实，这部拍摄仅用时四十九天，成本不过二百五十万美元的小制作影片还在欧美国家造成了极大的社会反响。在加拿大，电影放映时警方自掏腰包买了许多电影票分发给青少年，因为在他们看来，青少年会把《猜火车》当作抵制毒品的教材。

“猜火车”本来是一个用来打发时间的小游戏，无所事事的人在火车经过的地方，即兴打赌，猜测下一班火车经过的时间以及它的目的地。不得不说，即使是用来打发时间，这也不是个多么有趣的游戏。选择用这样一个游戏来命名，创作者显然是另有用意。当火车狂啸过站时，表达的是主人公马克·瑞奇汹涌翻滚的心境——由伊万·麦克格雷格饰演的马克·瑞奇开始厌烦这样与毒品相伴、叛逆又充满不确定的生活。看着火车迎面而来，他开始琢磨着用自己的方法做些改变。

马克·瑞奇和自己的两个好友过着混乱的生活，他们吸毒、滥交，甚至做些违法的勾当。对于这样的生活，马克表面上习以为常，内心深处却深恶痛绝。一次意外事件后，马克吸毒过量被送往医院抢救，挥之不去的幻觉和内心不断涌起的恐惧让他不得不和毒品一刀两断。马克没想到的是，戒毒容易，摆脱旧知己却难于登天。

看到这儿时，会有太多的人幡然醒悟，原来你终会发现，有些事就算你拒绝、你放弃，世界还在没心没肺地存在着，而你早已被抛弃，不会因为你的努力改变而改变，如同马克·瑞奇一样，你要再次背叛，背叛叛逆的生活，重归你不耻的正路，要努力接受平凡，不可以不再去选择，因为你不可能永远青春，你不可能不长大，只有死去的才永远十七岁。活着，就必须要选择——选择生命、选择工作、选择职业、选择家庭、选择一切可恶的现实之琐碎……

唯其如此，你才能被这个社会所接受、所肯定！

由此，叛逆到尽头，什么事情都折腾过了，马克最终还是选择了正常人的庸俗生活；选择了自己曾经鄙视的大电视、洗衣机、房贷、结婚、生小孩和垃圾食品。这样的生活很沉闷，却总能看得到一点向上的希望。

因而，大多数人，无论情愿与否，最终都要被这个世界所承认，所以无论多么叛逆，你还是要回到这个世界被圈定的范围，你可以认为这是磨掉了自己尖锐的棱角来对这个社会委曲求全的结果，也可以看作是自己成熟圆滑后对这个社会敞开怀抱。而在这之前的时间，都有一个叫青春的名字。你可以在这段时间选择叛逆、选择张狂、选择不听从任何的声音，只遵循自己的内心。但在这段日子里，希望你的选择真的可以让你快乐；当这样的日子顺理成章地过去，希望你可以不卑不亢地走进生活。

猜着火车被浪费的青春，早晚会走向完结。

我们的青春又该怎样结束呢？

谁都难以避免接受生活里世俗的选择：要去跟虚妄告别，接受平凡。谁都不可以不选择，因为没有人可以永远不长大、永远青春。

一次幸福的可能

文/宫伟

只是在一段小波澜中
唱过几首歌
爱过一个人而已

年轻时，我们从不缺少一个折腾的理由。

比如纵使距离千山万水，也要想尽办法挽回失去的爱人；又如即使一贫如洗，却依然要手持理想，跟现实撞一个头破血流。而在这样的过程中，如果有一个人站在那里，不多说什么，只是帮你完成梦想，之后转身离去。那么，再荆棘密布的路，你都可以走得轻盈，而满心充溢着的也皆是欢喜和温暖。如同沐浴着冬日的暖阳、吮吸着春日的小雨那般。

一切，都是暖的，平静的，微笑的。

爱尔兰首都都柏林街头，年轻的街头歌手在夜深人静时唱起了自己的原创歌曲。白天，他的本职工作是在父亲的店里修理吸尘器；夜晚，他便到街头歌唱。街头歌手的歌声里蕴藏着对前女友满满的思念，他希望有朝一日可以带着自己创作的专辑去伦敦，然后在功成名就里，找回自己的前女友。

一天晚上，街头歌手的歌声吸引来了一个卖花姑娘。因为音乐上的共识，也因为同样惨淡的生活经历，两个人成为好友，甚至暗生情愫。卖花姑娘鼓励并帮助街头歌手录制歌曲、排练、做专辑，看到这里几乎所有的人都会烂俗地想到他们会彼此相爱，像过往的所有爱情片一样。

然而，关于对彼此的爱，他们却默契地一致选择了回避。

在乐器行，钢琴与吉他的合奏，成了这对知己最浪漫的时光。

这是一部叫作《曾经》的电影，故事很简单，却凭借着与音乐密不可分的真挚故事收获了全世界的掌声。故事的结尾，街头歌手带着做好的专辑，等待着去伦敦的飞机；卖花姑娘则带着她的小女儿和母亲，离开了这个国家。

各自未知的旅程，以及街头歌手和卖花姑娘之间有始无终的爱情，都让人唏嘘不已。

导演约翰·卡尼是爱尔兰著名的独立电影人。然而在拍摄这部电影之前，他从没想过自己会去拍电影，更别说在国际上拿奖了。

20世纪90年代初，约翰还在摇滚乐队“The Frames”中当贝斯手。就是这段经历，为电影《曾经》和“The Frames”的不解之缘埋下了伏笔。

因为经常为乐队制作录影带，约翰渐渐对影像语言产生了浓厚的兴趣。他最终从音乐界转入了影视界，开始编导自己的电影电视作品，不久之后就获得了成功。

再之后，卡尼想要拍摄一部非传统的音乐电影，用大量的歌曲去讲述一个现代的、简单的、干净至极的爱情故事。

她微笑着弹奏
带着几分期许望向窗外
天空蓝得很彻底，
没有飞机的痕迹

于是，他想到了The Frames乐队，想到了自己的好友，也就是这部影片的男主角，The Frames乐队的主唱格伦·汉塞德。在跟随The Frames乐队巡演的过程中，卡尼在心里渐渐勾勒出了这个故事的轮廓，也描绘出了那个在都柏林街头卖唱的歌手的形象。

终于，好友汉塞德找到了应景的歌曲，也担负起了影片男主角的重任。这个在音乐生涯中经历过大起大落的男人，对落魄的剧情感同身受；至于爱情戏码，汉塞德的所有克制也都表现得恰到好处。

很多人喜欢这部电影，因为歌曲，也因为两条平行轨迹的喜相逢。如同电影海报中所描述的，卖花姑娘拖着吸尘器，和背着吉他的卖唱歌手在街上行走，这幅画面代表着一次幸福的可能。

世界上有许多机会能让两个人相遇：喜欢同一个歌手，或是在同一间咖啡厅看书；也有许多理由能让两个人在一起：恰到好处的星座搭配，或是共进一顿烛光晚餐；更有很多苦衷让两个人分开：比如要去异地奔赴前程，或者干脆是遇到了更火辣的另一半。

然而，因为吸尘器结缘的他们，虽然在电影里经历百转千回，却始终没有牵手在一起，没有充满爱意的亲吻，没有相见恨晚的情话，没有山盟海誓的承诺，更没有半途而废的谎言，而只在动听的歌声里完成了我们对于完美邂逅的所有憧憬。

这部时长很短的电影有一个值得回味的结局，他们分开在清晨的路边。卖花姑娘的丈夫就要回来了，他们两个人在为和好而努力。而卖唱歌手即将前往伦敦，继续音乐的梦想和挽回遗失的爱情。阳光镀在卖花姑娘的金发上，在电影中一直很普通的她变得格外美丽。

卖唱歌手请求她去他家，一起吃顿早餐，再听听音乐，不过，被卖花姑娘残忍地拒绝了。

卖唱歌手终于得到了父亲的支持，他给伦敦的旧情人打电话，她的语气中有几分暧昧的期许，而他却挂断了电话，开始在人海中寻找卖花姑娘的身影。他到她家，却只碰到了她那不会说英语的母亲；他到他们第一次合奏的琴行，那架黑色的钢琴标上了“出售”的字样，背景中的音乐是他们曾经合唱的歌曲。

后来，漫天阴霾下卖唱歌手来到了候机厅，头也不回地向前走，我想，那一刻的他一定早已泪流满面。

看着他这样的背影，会让人莫名地想起都柏林变幻莫测的天气来，心生莫名的凄恻。

电影的最后一幕，卖花姑娘在阳光下拥抱重逢的丈夫，他们的家里洒满阳光，还多了一台卖唱歌手送来的一架钢琴，于是，女孩依旧简陋的生活里多了一件与梦想有关的道具。她微笑着弹奏，带着几分期许望向窗外，天空蓝得很彻底，没有飞机飞过的痕迹。

卖花姑娘的生活似乎又回到了最熟悉的轨迹，只是在一段小波澜中，唱过几首歌、爱过一个人而已。

等到光芒万丈那一天

文/宫伟

音乐是我的生命
这个娱乐至死的时代
无数选秀歌手都这么说过

“音乐是我的生命！”

这个娱乐至死的时代，无数选秀歌手都这么说过。

他们希望这样的话能打动一些人，然而重复的次数多了，也就适得其反了，观众们会把这样的宣言当作调侃，并不买帐。

相反，2012年，在一部讲述歌手罗德里格斯真实经历的纪录片《寻找小糖人》中，这个并没有说“音乐是生命”，也没有和音乐死磕的歌手，用自己质朴又充满传奇色彩的一生，感动了全世界爱着音乐的人。

美国歌手罗德里格斯在20世纪70年代发行过两张专辑，在南非有超过五十万的销量。南非乐迷眼中，他甚至可以和鲍勃·迪伦相提并论，堪称全民偶像。但与其他知名的美国歌手不同，南非的歌迷却得不到任何一点关于罗德里格斯的信息。人们口头传送的“事实”是，罗德里格斯已经死了，虽然是怎样的死法还没有定论，但他一定早已轰轰烈烈地死在了演唱会的舞台上。

然而开普敦一家唱片店的老板与一位音乐记者不这么想，或者说，他们对于罗德里格斯的人生抱有浓烈的好奇心，因为爱得太深，所以想知道这位大红大紫的歌手到底拥有着怎样的人生。于是，以罗德里格斯最著名的歌曲《小糖人》为名的调查过程徐徐展开，就此拉开了一段传奇的序幕。

寻找的过程枯燥、烦琐、漫长。唱片店老板和记者先是去追查了罗德里格斯唱片公司的现金去向，随后逐一排查了罗德里格斯歌词中每一个出现过的地名；甚至还建立起了“寻找小糖人”网站。他们不愿意放过任何蛛丝马迹，十年如一日地坚持着，直到有一天，两个人等来了罗德里格斯女儿的留言。

找到了关键性的人物，关于罗德里格斯，令人震惊的真相也就浮出水面：罗德里格斯没有死。更匪夷所思的是，对于在南非的辉煌成绩，他本人却毫不知情。在美国，罗德里格斯没有知名度，专辑销量不佳，被唱片公司抛弃，只是一个失败的过气歌手，不唱歌了，只能靠做修理工维持生计。

一切仿佛都是命运开的玩笑，被唱片店老板和记者发现之后，在默默无闻干了几十年修理工之后，罗德里格斯决定前往南非，面对万千崇拜者，开一场属于自己的演唱会。

那个晚上，尽管觉得这一切来得荒唐，尽管害怕这一切只是骗局，歌迷们还是来了。不再年轻的他们把看台挤满，喊着罗德里格斯的名字，哼着再熟悉不过的调子。等待的时间那么漫长，所幸罗德里格斯又站在了舞台中央，没错，这不可能是别人，就是他。许多人的眼里都噙满了泪水，因为这是一场跨越半个地球的相遇，真正的久别重逢。

那个晚上，罗德里格斯在南非受到了万千歌迷的疯狂追捧。

平凡着、坚持着
斗争着，始终等待着
明天更好的人生

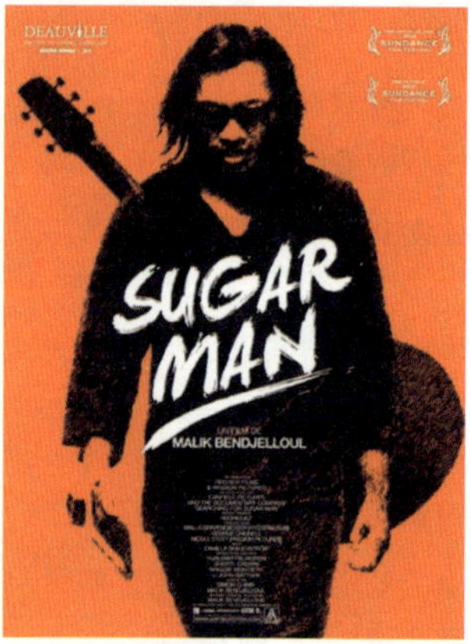

他的人生似乎变成了一部经过巧妙设计的小说：低谷、高潮，那么引人入胜。然而他也只是站在舞台上认真地歌唱那些再熟悉不过的旋律，没有痛哭，没有咆哮。几乎每一首歌结束之后，他都会鞠躬很长时间，微笑感谢。

如果只是这样，罗德里格斯的故事还算不上传奇。

出人意料之外的是，演唱会结束之后，怎么着也应该大红大紫、走向人生巅峰的罗德里格斯做出了这样的选择：他回到了自己的老公寓，继续帮别人修理破损的屋顶和地板，陪伴着自己的家人。声势浩大的演唱会仿佛从来没有发生过，南非的万千歌迷也没有存在过，人世间的起起落落都与自己无关。

是的，音乐不是罗德里格斯的全部生命，这样的他让全世界爱音乐的人对他充满敬意。

因为即使没有被人发现，纪录片中的事件也没有发生，他还是一个再穷也要带孩子去欣赏高雅艺术的好父亲；一个永远热爱音乐的诗人；一个干再脏的活都要穿上整洁燕尾服的修理工；一个真诚地爱着生活的艺术家。

时至今日，已经年届七十的罗德里格斯仍然安身于当年的那所破败的房子中。儿女都已经长大，他也不再需要干那么累的活。或许他还会拿起吉他唱起歌，或许他还会跟孙子、孙女提起那段与音乐有关的过往。在孩子们的眼中，也许这位老人无论如何都不能和那位超级巨星画上等号，但毫无疑问，他依然是这个世界上最温暖的怀抱。

《寻找小糖人》的结尾，罗德里格斯一个人背着吉他走在底特律破败的街道上。

应该还是冬天吧，隔夜的雪刚刚开始消融。罗德里格斯摇摇晃晃，走得并不轻松。这一幕像极了他人生的写照：平凡着、坚持着、斗争着，始终等待着明天更好的人生。

虚构的大学，——沸腾的青春梦

文/宫伟

这些面孔后面
都拥有一颗不管生活如何
都始终惦记着梦想的心

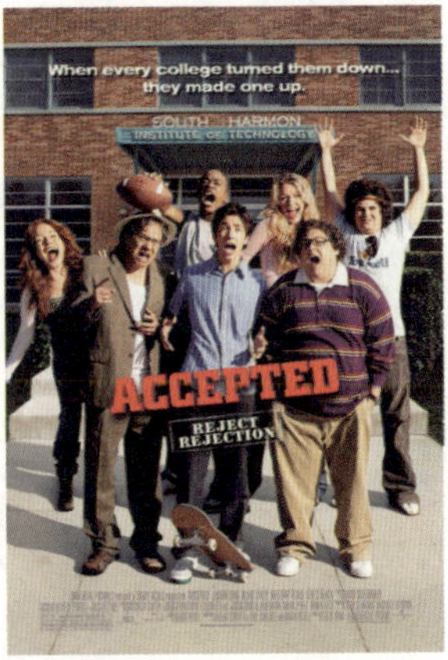

无论你生于哪个年代，读书时总少不了听到这样的顺口溜：考考考，老师的法宝；分分分，学生的命根。

同样地，无论在哪个年代，总会有这样一群与传统的分数评价体系作斗争的年轻人。他们的意义不仅是叛逆与自我，也促进着不同国家的教育系统对自己的反思。

比起现实中的叛逆少年，电影里，与分数作对，与传统教育体制作对的故事更是天马行空。2006年出品的美国电影《录取通知》就是这样的典型。电影中，还没有成为《他其实没有那么喜欢你》中情感大师的贾斯丁·朗和还没有被奥斯卡提名两次的乔纳·希尔共同演绎了一段让人拍案叫绝的荒唐事，也在笑过之后引发了无数人对于大学、对于教育的思考。

影片的剧情很是天马行空：巴特比是一个美国高中生，他聪明，有很强的动手能力，但成绩一般。高中毕业之后，巴特比投出的八封大学入学申请信全被拒绝。这可不是他父母愿意看到的状况。还好，巴特比不是唯一一个陷入困境的学生，他的好几个死党也都遇到了同样的问题。面对着因无法进入大学而逐渐黯淡的前途、父母施加的压力，更为了吸引自己的梦中情人——莫妮卡，巴特比和他的朋友——一群毫无经验的高中生，在一番不着调的探讨之后，竟然真的拿出了行动。他们租到了场地，请到了演员，创办了以假乱真的大学报名网站，决定自己创造出一所根本不存在的“南哈蒙理工学院”。他们决定以这所大学的名义给自己发出录取通知，借此蒙混父母和朋友们。

历经千辛万苦，巴特比和自己的伙伴们圆满地完成了这一系列任务，学校有了，网站有了，似乎高枕无忧了。万万没想到，意外还是发生了。巴特比和他的朋友们发现自己的工作好像做得好过头了，网站做得太过真实，直接导致了从各地赶来的一群跟他们一样被无数大学拒绝的毕业生们站在了“南哈蒙理工学院”的门口，要求加入这个总共只有一座二层小楼的大学学习。

骑虎难下，怎么办？

按照正常的逻辑，巴特比本应该想办法劝学生们离开，可或许是因为他太了解学生们的内心，太了解如果上不了大学他们将面临的压力，巴特比决定假戏真做，把学校办下去。面对隔壁正规大学学生蔑视的眼光，巴特比和他的朋友们在这条“造假”的路上越走越远，他们开始不断地改良，创造着这个大学的功能。同时，那些慕名而来的学生虽然看似不着调，但在这个学校中却也开始奇迹般地相互鼓励，共同成长。所有人都在努力，努力让这座假冒伪劣大学变成一座真正满足学生需要的大学。

然而现实终究是残酷的，他们的“南哈蒙理工学院”终究难逃真相大白的那一天。叛逆、另类的孩子们也不知道，要用什么方式才能保住自己心中的桃花源。

电影里所展现的青春迷茫
不单纯是某一代人的专利
它在过去一样存在着
也会在未来继续存在下去

这是一些完全游离在常规人群之外的另类分子，虽然他们的出发点可能是“懒惰”，但却从未放弃为改变现状而努力，为自己的未来而抗争。电影本是做梦的机器，可以在一定程度上放飞想象力。但生活在电影外的真实世界，我们真的有可能依照自己的需要构建一所自己喜欢的大学吗？

恐怕答案是否定的，就好像我们不能要求这个世界变成我们最喜欢的模样一样，从呱呱坠地开始，我们就要学着适应走路、适应开口说话、适应吃需要咀嚼的食物、适应和小伙伴玩耍、适应学习、适应工作、适应委曲求全、适应在这个不太完美的世界，完美自己的人生。

无论是东方还是西方，学生们都难以避免升学的压力。

而《录取通知》就像是一个用来让人清醒的警钟，告诫那些因无法升学而苦恼异常的年轻一代：虽然进入大学学习似乎已经成为这个时代里走向人生巅峰的必要条件，可是对于单独的个体来说，你依然需要这样的思考——“大学是不是最适合我的地方？上了大学我会得到什么？不上大学我又会失去什么？”

或许，大学只是一个高等教育机构，并不是那座不走不行的独木桥。

电影的最后，巴特比在庭审现场这样质问法官：“你们呢？难道没有梦想吗？你们一直想做学校行政员？也许你们更想做个诗人，或者魔术师、艺术家，或者只想周游世界。为什么不行动呢？”

戏剧性的画面是：六十多岁的法官在庭审结束后告诉巴特比，自己的梦想是演奏乐器。

这是影片最打动人的地方。

它告诉所有的观众：电影里所展现的青春迷茫，不单纯是某一代人的专利。它在过去一样存在着，也会在未来继续存在下去。

看完电影，再看周边一个个被工作折磨得暗淡无光的面孔，也许你会开始相信，这些面孔后面，都拥有一颗不管生活如何，都始终惦记着梦想的心。

炽热的，疯狂的。

治愈你，但并不干预你的人生

文 / 宫伟

阴影并不可怕
只要敞开心扉正视自己的过往
总会有阳光照进来，温暖你的心房

你熟悉的影星马特·达蒙，是《拯救大兵瑞恩》里那个被众人舍命拯救的瑞恩，是《谍影重重》系列中身手矫健的间谍波恩。

你不熟悉的马特·达蒙，曾经是哈佛大学英语文学专业的辍学学生。

辍学的原因很简单，他爱电影，也有大把的好机会向他招手。既然年轻，为什么不为梦想折腾一次呢?

那时，马特·达蒙的一大把好机会都没有成全他，反而是自己在辍学之前写的一个故事改变了他的人生。因为太爱这个故事，马特·达蒙找到了好友本·阿弗莱克，一起把它创作成了剧本。马特·达蒙和本·阿弗莱克是幸运的，因为他们的剧本受到了关注，并且他们还得到了亲自出演的机会。这部电影就是后来让无数观众流下眼泪的《心灵捕手》。

麻省理工学院的蓝波教授是数学界大名鼎鼎的人物，他获得过被誉为“数学界的诺贝尔奖”的菲尔茨奖。一天，他在下课前留下了一道难题，题目写在了楼道的黑板上。他想看看，谁能在学期结束前给出答案。

结果让他很意外，没两天，黑板上就出现了标准答案。更意外的是，这个学生并不打算抛头露面，尽管只要站出来就可以享受到整个学院关注的目光。

于是，蓝波教授决定再下战书，在同样的地方留下了第二道题，一道他自己花了整整两年才解开的难题。意料之外又在情理之中，没过几天，这样的难题依旧被神秘的天才轻松破解。这一次，蓝波教授也看到了“天才”的本来面目。

解开难题的人叫威尔，并不是麻省理工学院的学生，只是一个不太靠谱的清洁工。蓝波希望威尔找到人生目标，不要浪费数学天赋。而威尔给出的回应不过是几句难听的辱骂。

因为是孤儿，再加上多年的颠沛流离，威尔的心灵筑起了一道难以逾越的城墙，对所有的人关闭。成天热衷于打架、喝酒、泡妞。蓝波教授没有放弃，他给威尔找来了五位心理医生，偏偏他们的治疗都没有见效。这时，蓝波教授的昔日好友、心理学教授肖恩成为他最后的希望。

给威尔做心理治疗，肖恩并没有什么与众不同的方法，他只是有更多的耐心，并且愿意把威尔当作一个有血有肉有故事的孩子。大多数时候，对于威尔的心灵的棱角给予宽容；而当威尔出言不逊时，肖恩也会用自己的经历给他上一课：

奔走在这个世界上，
每个人都像一棵树一样独立
同时，又不得不与许多的树心手相连
构成一片片森林

电影原声

肖恩：如果我问你艺术，你可能会提出艺术书籍中的粗浅论调。有关米开朗基罗,你知道很多，他的满腔政治热情，与教皇相交莫逆，你对他很清楚吧？但你连西斯汀教堂的气味也不曾嗅到！你未曾站在那儿，昂首仰望天花板上的名画吧？可是我见过。

你年轻彪悍，我如果和你谈论战争，你会向我大抛莎士比亚，朗诵："共赴战场，亲爱的朋友！"但你从未亲临战阵，未试过把挚友的头拥入怀里，看着他吸着最后一口气，凝望着你，向你求助。

我问你何为爱情，你可能只会吟风弄月，但你未试过全情投入真心倾倒，四目交投时彼此了解对方的心，好比上帝安排天使下凡只献给你，把你从地狱深渊里拯救出来。对她百般关怀的感受你也从未体会，你从未对她情深款款矢志厮守，明知她患了绝症也漠不关心，你从未尝试过痛失挚爱的感受。

你并没有体会过“失去”的真正意义，因为只有在你爱某人甚于自身时才会领悟。我怀疑你从未付出过这样的爱。现在我看着你，眼前所见并非一位聪敏、自信的男人，而是一个无耻狂妄、内心恐惧的孩子！但是你是个天才，威尔，这是毋庸置疑的，没人可以完全认识到你的深度。但是你在我的油画上瞥过一眼，就以为了解了我的一切？你的狂言糟蹋了我的人生！

简单来说，威尔的问题天生幸运，拿到了一手好牌，却不愿意循规蹈矩地打完人生的牌局。而绝大多数人，包括威尔最好的朋友查克却只能努力把自己的烂牌打好而已。所以作为好朋友，查克也不想看到威尔这样自暴自弃。电影接近尾声时，他的一段肺腑之言格外动人。

电影原声

查克：如果二十年后你还陪着我在这儿干活，跑到我家来看电视，我会杀了你的，我肯定会的。我每天到你住处来接你。我们出去花天酒地，玩得很开心。但你知道我一天中最好的时刻是什么吗？大概只有十秒：从停车到走到你住所门口的这段时间。因为每当我敲门，都希望你不在屋子里面。没有一句“再见”或是“明天见”，什么都不用说，你就是这样离开了。我懂得不多，但这些我很清楚。离开这里，你有更好的前程。

如查克所愿，威尔最终离开了他们最熟悉的小城，去追回自己的爱情，去追逐自己的前程。他开着查克送给自己的轿车，阳光很耀眼，世界也仿佛从未如此友善。

奔走在这个世界上，每个人都像一棵树一样独立，同时，又不得不与许多的树心手相连，构成一片片森林。不管多么强大和乐观的人，面对着吃喝拉撒、爱与信任、理想与现实、坚持与放弃这些问题时都会有不同程度的困惑，心灵的城池上也会有阴影飘过。

阴影并不可怕，只要敞开心扉正视自己的过往，没有紧闭的城墙，总会有阳光照进来，温暖你的心房。

当火车变成站台

文/宫伟

人是容易健忘的
时间越久远，爱越会胜过恨
甜会超过苦，
直至把所有记忆都变成历史

对于70年代的人
影片所述的都是真实的
这些过往，如同一个印记
刻上了，就难以忘记

军大衣，喇叭裤，海魂衫，28自行车，霹雳舞。

1979—1989年，激变转型的十年。经历过这一时代的人是幸运的，短短十年所拥的经历可能丰富过平淡盛世的100年；但同时也是不幸的，他们的命运有了太多的跌宕和差异，太多的人沉寂庸碌，梦想被历史的车轮碾得粉碎，无处找寻。

导演贾樟柯忘不了他的十年，忘不了在山西与自己的青春紧密相连的小伙伴。于是他从1995年开始创作了充满时代气息的电影《站台》。在他记忆里的山西省汾阳县文工团，有这样几个把青春的能量全部用来折腾的年轻人。他们爱过、恨过、哭过、笑过，虽然最终一无所有，但折腾的十年里，收获最多的，仍然是快乐！

主人公们的故事，像是打开通向过去之门的咒语，通过观看这个奇妙的仪式，唤醒观众蛰伏已久的记忆和情感：是否你的记忆里也有一个脏乱差的小城，黄土残墙上秋草在风中摇曳，总是奇怪地挖了又铺、铺了又挖的马路，破旧的青灰砖房和砖墙上白漆书写的各种美术字标语？

小城里，有懦弱还讲义气的酒肉朋友，狼嚎般的歌声在暗夜的大街凄厉地回荡；还有一场露天的老电影、三毛钱的香烟、港台流行歌曲和半导体。那时和今天有很多的不一样，相似的是，年轻人，都不会缺少一颗向往远方的心。

电影原声

崔明亮父亲：你穿的什么裤子？

崔明亮：喇叭裤。

崔明亮父亲：什么喇叭裤？

崔明亮：喇叭裤就是喇叭裤，就这样。

崔明亮父亲：那能蹲下？

崔明亮：怎蹲不下？

崔明亮父亲：你蹲，蹲下。工人穿这裤都能干活吗？农民能下地吗？

崔明亮：我是文艺工作者，不干那活，不跟你说了，有沟，代沟！

1979年，刚刚改革开放的中国，汾阳县文工团有这样一群年轻人：崔明亮、尹瑞娟、张军、钟萍，他们心思活络，向往着外面的世界。

崔明亮和尹瑞娟彼此暗生情愫，但是他们的感情遭到了家庭的阻力，却也一直磕磕绊绊地前进着。

进入80年代，沿海城市逐渐开放，流行乐也开始席卷大街小巷。张军前往广州弹琴，归来时带回了许多的新鲜玩意儿，包括一把吉他。崔明亮很快便迷上了弹吉他，沉浸其中，乐此不疲。后来，文工团排练了音乐节目，还要进行巡回演出，但尹瑞娟的父亲生病了，她不能一起去。

一个普通的清晨，崔明亮、张军等人乘着汽车渐渐远去，开始了他们的演出之旅，也离开了熟悉的站台。

故事的最后，崔明亮如愿以偿，与尹瑞娟走到了一起。他们结了婚，生了大胖小子。尹瑞娟抱着孩子在一旁玩耍，而崔明亮却睡着了。睡得那么沉稳，甚至有点死气沉沉。偏执的、激进的、向往远方的崔明亮不在了。

导演贾樟柯说，他知道，崔明亮再也不会去看火车了，他不再会有那股热情了。崔明亮放弃了所有的理想与冲动，平静而劳累地接受了生活，像那个年代里大多数终将成熟的年轻人一样。

也并不只是那个年代，回顾历史，似乎每个年代都一样，总有许多鲜活的生命在折腾，死磕后发现了残酷的现实——无法改变生活。于是他们只好与生活讲和。梦想落了实际，双脚踏了实地，原本可以被形容为火车的生命，最终只能被形容为站台。看着别人重复着自己过去的轨迹，不发一言，袖手旁观。

尽管如此，《站台》的好依旧在于它记录了一个时代：那时的音乐，那时的服装，那时的霹雳舞……

人是容易健忘的，时间越久远，爱越会胜过恨，甜会超过苦，直至把所有记忆都变成历史。变成历史就会有太多的不解和谬误，特别是当经历过的

那时和今天又很多的不一样
相似的是，年轻人们
都不会缺少一颗向往远方的心

那代人逐渐老去。

如今，90后、00后看了这影片可能会觉得好笑，但生于70年代初以前的人，恐怕是笑不出来的，因为他们知道这是真实的，并且这一直潜伏在他们的心灵深处，不敢说值得去珍藏，但心里也了然知晓，如同一个印记，刻上了，就难以忘记。

文 / 宫伟

在 未 来 等 你

对很多人来说
最美的回忆
永远在逝去的青春里

对很多人来说，最美的回忆永远在逝去的青春里。

每个人的青春都与众不同，而且只有一次。它如此珍贵，就像单行列车旁一闪而过的风景，再怎么色彩斑斓，坐在列车中的我们也只能匆匆一瞥，没有回头的列车，也不可能驻足观看。我们喜欢青春题材的电影大概就是这个原因：那些一闪而过的景象，在电影里都有反复回味的可能。快乐的、难过的、喜悦的、感伤的，虽然是别人的故事，但总会从某个特定的角度，关联我们的人生。

对于许多80后而言，华语青春电影最值得回味的，是那一扇蓝色的大门。

2002年，台湾导演易智言执导的电影《蓝色大门》以唯美、清新的气质一炮而红，为成人世界带来了一番耐人寻味的“青春物语”，也让影迷心目中对爱情电影的分类又多了一种可能。

你一定也见过吧？

那样执着，那样胆小如鼠的青春。

像所有那个年纪的好朋友一样，林月珍和孟克柔翘体育课跑到树荫下聊天、幻想。一天，林月珍跟闺密分享了自己的小秘密。毫无疑问，这个小秘密跟一个男孩有关。林月珍偷偷收集了男生张士豪的一切。后来，林月珍的暗恋一发不可收拾，她会叫孟克柔一起去偷看张士豪游泳；更过分的是，林月珍还让孟克柔去帮她表白，却在知道答案之前跑得无影无踪；更甚的是，她叫孟克柔去帮自己送信，却在情书的结尾处留下了孟克柔的名字。

就这样，孟克柔因此和张士豪的人生有了交集。

一番你来我往之后，张士豪对孟克柔心生爱意。他展开了情感攻势，可似乎永远都捅不破那一层薄薄的窗户纸。他们有说有笑，他们分享秘密，却使他们成了不是恋人，也不是普通朋友，又亲密又纠结的关系。纠缠久了，也疲倦了，于是他们预约将来，在一扇蓝色大门前再相见。

电影原声

孟克柔：小士，看着你的花衬衫飘远，我在想，一年后、三年后、五年后，我们会变成什么样子呢？由于你善良、开朗又自在，你应该会更帅吧。于是，我似乎看到多年以后，你站在一扇蓝色大门前，下午3点的阳光，你仍有几颗青春痘，你笑着，我跑向你，问你好不好，你点点头。三年、五年以后，甚至更久、更久以后，我们会变成什么样的大人呢？是体育老师，还是我妈？虽然，我闭着眼睛也看不见自己，但是我却可以看见你。

哪个青春正当年的孩子，没有经历过与爱情有关的折腾？
爱情来了，爱情走了，爱我的人我不爱，我爱的人不爱我。

哪个青春正当年的孩子
没有经历过
与爱情有关的折腾

有人说，《蓝色大门》像是一支神奇的画笔。任何时候拿起它，都可以轻松地勾勒出青春中所谓美好的场景。电影几乎摒弃了所有与美好无关的干扰，只让青春定格在那个美妙的夏天。它的这种单纯干净，让它看起来更像是一个怀着美好愿望的礼物，献给我们每个人记忆中或者梦想中的青春。

这样特别的电影也捧红了两位那时还青春正当年的演员：桂纶镁，陈柏霖。

他们在一段时间内成为青春的代名词，演了许许多多的青春电影。这些电影有的也小火了一把，更多的则像流星一样一闪而过。随着年岁渐长，桂纶镁，陈柏霖都开始和青春题材渐行渐远，开始尝试不一样的角色，丰富自己的演艺人生。

但无论如何，他们也不会忘记那扇蓝色大门吧！

甚至他们的爱比任何一个观众都来得更深。甚至在电影《蓝色大门》上映多年之后的一次采访中，陈柏霖还以张士豪的身份亲手给电影里的孟克柔写下了这样的回信：

“其实那年夏天真的很开心！我这件花衬衫已经褪色了，不过我们曾经的相遇，在我心里还是充满了色彩。猜猜我变成了什么样的大人？你一通电话也不打给我，也许你还是没开始喜欢男生吧！哈，不过我还不错啊！可以再给你一次机会哦！不管如何，每次打开蓝色大门，总有我们骑脚踏车的画面，有我们在沙滩上的脚印，有墙上的涂鸦。谢谢你给了我十七岁夏天的回忆。我的蓝色大门没有锁上，希望下次能来找我，我的门随时等着你！”

闭上眼睛，你也能想起这样的画面吧：

路口的绿灯亮起来，张士豪的自行车轻巧地冲出车流，迎着风飞速前进。他的花衬衫也飞起来了，像是着急地去装点台北绿意盈盈的夏天。

张士豪和孟克柔来过，又很平静地走掉了。我们对两个年轻人念念不忘，因为他们就是青春的同义词：与世俗的世界无关，不会被外力所改变。

蠢蠢地爱着恨着，偶尔后退，但永远不怕受伤。

遇见一次名叫失败的旅途

文/宫伟

输掉梦想并不可怕
因为在这个世界上
没有任何人是永远的胜利者
成功是人生的一部分，失败也是一样

无数的顺境与逆境
结合在一起
才能饱满你的人生旅程

每个人都有梦想，在主流价值观中，似乎只有历经坎坷披荆斩棘最终实现梦想才值得大书特书。

然而凡事都有例外，2007年，电影《阳光小美女》，一个讲述追梦失败的家庭喜剧，却在不声不响里感动了千万观众的心。

胡弗一家有六口人，个性都很怪异。家里的餐桌一直是争吵的战场。直到有一天，七岁的小女儿奥利弗在大家争吵的间隙，听到广播里传来“阳光小美女”选美比赛的消息时，争吵才告一段落。

在奥利弗的极力争取下，胡弗一家决定陪伴着她踏上寻梦之旅，从阿尔伯克基驾车长途跋涉到加利福尼亚参加“阳光小美女”选美比赛。一路上，胡弗一家除了要面对这辆陈旧的大众旅行车不断罢工的技术性问题，还要接受心灵上的考验。

在这条为小女儿寻梦的道路上，每个家庭成员的梦想都破灭了。

一直深信，并不断向他人推销自己成功法则的父亲成了被自己鄙夷的失败者；想当飞行员，为了磨炼自己意志九个月不发一言的哥哥忽然意识到自己是色盲，开飞机变得像个玩笑；感情失败、事业失败、寻死未遂的舅舅竟然遇上了意气风发的旧情人和情敌；愤世嫉俗的爷爷因为吸毒辞世，没有陪孙女走到比赛现场。

对，还有那个戴着高度近视眼镜，身材肥肥胖胖，动作不太协调，跳着爷爷教的成人艳舞的小女孩奥利弗，她也失败了，满场都是嘘声。

开始，奥利弗的梦想是成为“阳光小美女”。站在舞台上，她的梦想变了，只想把这段不伦不类的舞蹈跳完，送给疼爱她的爷爷。有默契的一家人都感受到了奥利弗的决心，他们冲上舞台，赶走保安，保护着奥利弗。这一家人手拉手转着圈，跳着，笑着，无视提前离场的观众，无视充满鄙夷的嘘声。那个戴着高度近视眼镜，身材肥肥胖胖，动作不太协调的奥利弗，虽然输了比赛，但在她的家人以及所有观众眼中，“阳光小美女”已经非她莫属。

到底什么是成功，什么是失败?

《阳光小美女》中的爷爷给出了这样的答案：敢于尝试就是成功，害怕失败而不敢去做才是真正的失败。做自己喜欢的，不管是否符合社会的标准与世俗的眼光。

这之后，一场发生在奥利弗的哥哥德维恩与舅舅弗兰克之间的谈话，在大海的背景下，显得格外波澜壮阔。

电影原声

弗兰克："你知道普里斯特吗？法国作家，完全的失败者。从来没有像样的工作，单相思，同性恋。花了二十年写了本几乎没有人看的书，但他可能是自莎士比亚以来最伟大的作家。总之，当他走到生命的尽头，回首这一生中所经历的痛苦，或许才明白，那才是他生命中最美好的时光。那些年他愉快吗？全都浪费了，什么也没学到，但正是那些造就了他。所以，如果你一觉睡到十八岁，啊！想想，你会错过多少痛苦啊！高中？高中是你最痛苦的时代，你不会受到比那更大的痛苦了。"

德维恩："你知道吗，去他妈的选美比赛吧。生活就是一个接一个的选美赛。中学，大学，然后工作，通通都去他妈的吧。如果我想要飞，我会有办法飞的。做你喜欢的事，其他的都去死吧。"

输掉梦想并不可怕，因为在这个世界上，没有任何人是永远的胜利者。成功是人生的一部分，失败也是一样。无数的顺境与逆境结合在一起，才能饱满你的人生旅程。

输掉梦想并不可怕，因为会有家人陪你重新起程。

电影中，这一家失败者在一路上的种种经历，让我们可以重新定义主流价值观中的成功与失败：生活还得继续，一切并非只有输赢两个结果。比

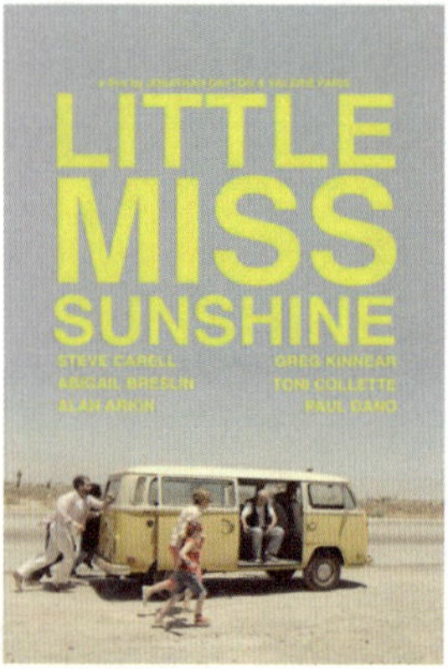

因为有爱，无论何时
它都可以激励在逆境中的你
再次启程

如，把那扇掉了的车门安上，一家人齐心协力地推着破车前进，挂上档，大家又按顺序跑进车里，迎着夕阳，向着家的方向。你不能否认，这也是生活里最甜蜜的成功。

因为有爱，无论何时，它都可以激励逆境中的你再次起程。

只有一次的绽放

文/宫伟

我要争一口气
不是要证明我比别人了不起
我只是要告诉人家
我失去的东西我一定要亲手拿回来

1986年，三个男人的人生走到了艰难的十字路口。

导演吴宇森陷入职业生涯的低谷，生活拮据；曾经叱咤风云的帅哥狄龙风光不再，被邵氏影业扫地出门；周润发刚刚在银幕上大展拳脚，万万没想到没拍几部戏，就被冠上了“票房毒药”的恶名。

所谓否极泰来应该就是这样吧！三个怎么看都该垂头丧气面对生活的失败者拉来了当红歌手张国荣，满足了投资方要有当红大明星的要求。于是，一部无论何时都可以载入香港电影史册的影片横空出世。

宋子豪、宋子杰、小马，三兄弟一起，开始了那段让人热血沸腾的快意恩仇。

影片原声

我不想一辈子让人踩到脚下！你以为我是臭要饭的？我倒霉了三年，就是要等一个机会！我要争一口气，不是要证明我比别人了不起，我只是要告诉人家，我失去的东西我一定要亲手拿回来！

国际伪钞集团重要分子宋子豪和小马情同手足。一次交易中，由于手下的出卖，宋子豪受枪伤被捕入狱，小马也被人打成了瘸子。一向把哥哥宋子豪当作偶像的宋子杰得知哥哥的真实身份后，对他以及黑社会恨之入骨。宋子豪出狱后不愿再涉足黑道，然而江湖却不能说走就走，他与子杰、小马还要面对一场命中注定的战斗。

这，就是《英雄本色》。

影片原声

这个世界又有几个人能够真正掌握自己的命运？能够掌握自己命运的人才是最了不起的人、值得我们敬佩的人，但是有时候我们却又不得不面对很多无可奈何的无奈，这个时候很难掌握我们自己的命运，于是只有拼，拼过了才有赢的可能，才有掌握自己命运的可能。

《英雄本色》不仅是吴宇森的人生转折点，也是香港电影历史长河中的一座里程碑。

不光是因为无数奖项的肯定，更因为《英雄本色》是一部从未在香港银幕上出现过的电影，这样的电影充斥着最饱满的荷尔蒙：男人可以颓废，可以失意，可以历经磨难，但他却从来不会放弃对兄弟情、对尊严的追求。

白鸽挥舞的翅膀中，满地的弹壳里，都是吴宇森蓬勃而出的豪气。

在此之前，没有人想过现代兵器的交锋可以和中国传统武侠精神结合得如此天衣无缝，没有人想过古装功夫片中所倡导的江湖道义、兄弟情怀可以在警匪片中得到如此升华，没有传统意义上的黑与白，有的只是情与义。

第一次看《英雄本色》，我们根本就不知道这部电影打破了当年香港的票房纪录，带动了经久不衰的现代江湖片浪潮；也不知道它横扫华语影坛各大奖项。所有人都只为画面、为人物、为剧情而心醉神迷。

吴宇森在低谷中，以背水一战的勇气突出重围，拍出了他前半生的沧桑与梦想，也拍出了每一个人骨子里潜藏的热血和激情。

我们的热血与激情大多都与小马哥有关，比起那个始终纠结着的宋子豪，周润发饰演的小马要单纯得多，也就是这样的单纯，让他成为许多人眼中最热血的青春偶像，他的一切都难以超越。电影里，小马虽然没能躲过枪林弹雨，却永远留在了影迷们的心里。直到今天，“小马”和这个名字所代表的含义依然在传递，可能就是因为在这个对于金钱的渴望越来越浓烈的时代里，小马对于友情的执着、对于江湖道义的坚持，成为动荡世间里可以牢牢抓住、不会改变的情怀初衷。

是周润发成全了小马哥，那以后他也演过类似的角色，却再也没有那么直指人心。

时代在变，人心在变，电影在变，拍电影的人也在变。即使把1986年的英雄们再聚到一起，也难以复制那个经典的模样。所以总会有这样的人，每当看到那些熟悉的演员，看到枪战片，就会在脑海中闪现那些经典场景：开着快艇重返码头的小马哥，他叼着牙签，坏笑着，准备和豪哥、阿杰一起刀光剑影泯恩仇。

而在他的身后，则是那一去不复返的好时光。

男人可以颓废，可以失意
可以经历磨难
但他却从不会放弃对兄弟情、对尊严的追求

3

国境之南恒春

不要以善之名，谋杀无法碰触的感情

十七岁的单车

曾在莉莉周的梦里

西方古典音乐在19世纪
最著名、最奇特和凄美的三角恋爱
无疑来自舒曼、克拉拉以及勃拉姆斯

于爱情，是一大堆毛茸茸的美好

文/曹然

天苍苍，野茫茫
他唯有一个人孤独地站在墓前
拉着一首呜咽不已的无人知晓名字的小提琴曲

一个女人，两段情缘。西方古典音乐在19世纪最著名、最奇特和凄美的三角恋爱，无疑来自舒曼、克拉拉以及勃拉姆斯。

舒曼与克拉拉，可谓郎才女貌，在钢琴老师家里，舒曼爱上了比自己小十多岁的克拉拉。因为克拉拉是老师的女儿，他们的爱情历尽艰辛，终成眷属。多年颠簸生活里，他们带着五个孩子最终在杜塞尔多夫定居下来。而这时，二十岁的勃拉姆斯却走进了他们的生活。

一段奇妙的凄美三角恋，踉踉跄跄地得以上演。

——勃拉姆斯的才华深深打动了舒曼，而克拉拉的美丽却打动了勃拉姆斯。

当勃拉姆斯第一次敲开舒曼家大门的时候，这个贫民窟长大的青年根本没有想到，他的这一生情缘会交付给这家的女主人。

初入，他即获得了舒曼亲切柔和的接待，并且舒曼的文静和忧郁很快让羞涩的他摆脱了窘境。他取出最早创作的一首C大调钢琴奏鸣曲的草稿，请教舒曼。

舒曼邀请他坐在琴前演奏，还没弹完一页，他的优美的琴声就征服了爱才如命的舒曼，他示意他停下来，说，希望他的妻子克拉拉也能听到如此优美的乐曲。于是乎，他见到了同是著名钢琴家的克拉拉。

只一眼下，他即被击中心海。

虽已过如花似玉年纪，步入中年的克拉拉却自有一番超然脱俗的魅力，高贵的气质和风度，让一个女人最吸引人的满满的知性、情感和美貌都淋漓散发。

有一种爱，叫一见钟情，于他，遇见了克拉拉，即是如此。

而舒曼和克拉拉亦对他欣赏有加。舒曼，情不自禁地提起了十年前就中断的评论之笔，为《新音乐杂志》写了著名的音乐评论《新的道路》，来向音乐界推荐这位新的天才。

而这也是他一生中最后一篇音乐评论。

另外，他还运用自己的影响，使得出版商出版了勃拉姆斯的早期作品。

如此恩情，使得他在三人纠结的感情中一直无法作出抉择。也是，恩师加恩情，是这世间最不可逾越的情感。

克拉拉也被这个年轻人的才情所吸引，那段时间里，她跟丈夫舒曼谈论最多的就是这个年轻人。

克拉拉，成了他心中永远的女神
他，是甘愿为了女神付出一切

后来，舒曼亲自邀请勃拉姆斯住到自己家里去。或许幸，或许不幸：幸的是，他的才情被推荐到人尽皆知，他还获得了世间最美的心动；不幸的是，他为此付出一生的时间来爱一个人，而丧失掉爱他人的能力。

克拉拉，成了他心中永远的女神。

曾经，因为家庭和学识，他待人接物从来都粗疏直率、不拘礼节，秉性近乎乖戾，并且有着很多农民的习性，然而在克拉拉面前，他却换成了另外一个人，矜持，知书达理，将崇敬放在第一位，即使在成名以后，他依然如此。不过，他只敢将她深深地放在心底，珍藏并呵护着。

后来不久，舒曼精神失常了，在一整个通宵被天使和魔鬼的声音折磨后，他冒着雨悄悄来到了莱茵河的桥上，跳进了激流中。幸亏被人发现，送进了疯人院。

正在汉诺瓦的勃拉姆斯听到这个可怕的消息，便什么都不顾，飞奔来到了克拉拉的身边。他，要陪着他的女神度过人生中最黑暗痛苦的日子。

当时，克拉拉正怀着第七个孩子，这可怕的打击确实使得她悲恸欲绝。于是乎，他成了她唯一的依赖和依靠；于是乎，她的苦难也唤起了他的勇气，使他从一个木讷、幼稚的年轻人，变成一个感情细腻的、体贴的成熟有魅力的男人。

他，是甘愿为女神付出一切了。

在她外出表演的时候，他负责在家里看管他们的孩子们，他还代她去疯人院看望疯了的舒曼，并且把探望他的详细情形写信告诉她。

他，亦因此获得了更多的浪漫气息。

在和克拉拉交往的这段时间，勃拉姆斯的创作因而处于一个最初的高潮中，他亦知道如何捕捉到浪漫派音乐的精髓。如是，用去半年的时间，他创作了《B大调钢琴三重奏》。他将这首习作弹奏给她听，在她痛苦而又疲惫不堪的时候，为此获得了莫大的慰藉，她的心情因此变得有了开朗的痕迹。

患难与共，相濡以沫，势必将他们之间的感情演绎到炽烈。

只是，道义是他爱的心灵里的枷锁，即使爱到不能，他亦克制着自己。他强忍着将自己的爱压抑在心底，只默默地爱着她，即便自己一次次放弃可以出名和赚钱的机会来陪伴克拉拉，他也没有逾越这层关系。

他，用自己爱的方式爱着她，一遍遍给她写情书，写得热烈、苦痛、感人肺腑，却未曾将一封情书递到克拉拉的手里。生活和阅历、情感都多于他的克拉拉，很明白他的心思，但是也因更爱惜他的天才和忠诚，而一次次用女性的温柔引导他面向现实，用母性的爱来抚慰他骚动的灵魂。

就这样，整整两年的时光里，他都只为克拉拉而活。而那纯洁的、崇高的、无望的爱情，只深深地埋藏在了心底。

两年后，舒曼去世。

许多许多的人，都以为他和她会走在一起。可事实是，他出乎所有人意料离开了克拉拉。

所谓道义，所谓恩情，于他内心是座山。

然而做到了离开，却做不到不思念、不痛苦。并且，这痛苦一直绵延了他一生的时光。不过，却也造就了他的音乐才情。多年里，他将痛苦寄托在音乐中，将激情释放在流泻的五线谱上。

他，用二十年的时光创作《C小调钢琴四重奏》，从离开克拉拉起，二十多年里他从未曾忘记爱她的痛苦，为她而作的这首曲子则是他爱情的纪念和痛苦的结晶。

创作过程中，他是一再写好一再修改，谱写的已然不是音符，而是心底的血爱。他在拿着写好的第一乐章给朋友看时，曾如是说："请想象一个人将要开枪自杀，对于他，已没有别的出路。"

是的。他的痛苦，苦不堪言，无以倾诉。

他，在最后将这个作品交给出版商出版时，他这样写道："你在封面上必须画上一幅图画：一个用手枪对准的头。这样你就可以形成一个音乐的观念!"这恰恰暗示了他的痛苦是维特式的。

还好，维特用手枪结束了自己年轻的生命，他只是用音符记录下维特式的痛苦。

维特没有出路。而艺术拯救了勃拉姆斯。

所谓道义、所谓恩情
于他内心是座山
由是。他的痛苦、他的苦不堪言
皆无以倾诉

即使化为尘土CLARA

你死去的最爱

依然填满我们之间的每一个角落，

直到死亡再度降临为止

这样

我怎能拥有你，CLARA

——勃拉姆斯

六十三岁时，年老的他拖着病重之躯，绝望而痛苦地行走在欧洲大陆，却因为太过匆忙，踏上了相反的方向。他，是要赶往法兰克福参加一场葬礼，列车却载着他离他要去的地方越来越远，以至于当他赶到法兰克福的时候，那场葬礼已经结束。

十字架后面，睡着的是他日思夜想的人，却就此永远也看不到了。

天苍苍，野茫茫，他唯有一个人孤独地站在墓前，拉着一首呜咽不已的无人知晓名字的小提琴曲。

四十三年的情愫，四十年的思念，终于在这首小提琴曲里得到释放。

有人说，勃拉姆斯是个黏血质的人，深情而不外露，他总是躲在一旁，静静地观察。在他身上，永远不会有轰轰烈烈的爱情，只会是那种以一生为代价静默的守候。

是如此吧。他，永远用留着胡子的脸示人，来遮挡他俊朗的面孔，为的是让自己不像看起来那么浅薄。他，永远用在那些变奏曲中寄托自己的隐忍和爱意情浓，就像木心所说的，艺术是有趣的，艺术也是要有所牺牲的。

在切利比达克指挥的第四交响曲里，勃拉姆斯擅长的漫长旋律和丰富声部，隐晦和艰深并行不悖，水到渠成。勃拉姆斯大概也习惯了那种空待吧，那些苦恋和遇见，经历过一回复一回的不信、求证、明白，所获得的空待。第一主题诚恳宁静，时而隐没，时而清晰。仅仅是因为单簧管的声音像极了天晴，长笛带来几丝云影和风，弦乐的出现是一些光。像草木生长，落日温暖，孩子跑过，调味得当。于是让人觉得明天布满了温柔的音符。

在展示他惊人的音乐才华时，也总是有那么一股原始的蛮力。在他撰写的第一六重奏中，你无所事事的神经突然亢奋起来。好像躺在一个巨大的水晶球里，漂在泛滥的大海上，阳光刺眼。于是你的眼睛充斥着血又含着泪，你迷失在这样的阳光里，荒地上长满丁香，身体与思想都静止于某一时刻、某一瞬间，徒劳而并不悲观。

这样勃拉姆斯和他的一连串变奏，带来了一大堆毛茸茸的美好，还有一阵尖锐的忧伤和一种深沉的长久。

包括，他那炽热而疼痛不已的爱情。

他说过的：“我最美好的旋律都来自克拉拉。”

所有伤心的人
生活在这个
世界上

文/曹然

如果绝望
也是一种病
贾宏声或许就是
那个北京病人

贾宏声，中国著名演员，吉林四平人。

成长于戏剧世家，1985年考入中央戏剧学院，这是他人生道路的重要起点。1987年主演电影《夏日的期待》，初识张扬。1989年中戏毕业，进入中央实验话剧院。

80年代末，他作为那时的偶像级人物而深受追捧。2000年，根据贾宏声吸毒的亲身经历并主演拍摄的电影《昨天》受到广泛关注。2010年7月5日下午，贾宏声在北京安苑北里小区坠楼身亡，年仅四十三岁。

如果绝望也是一种病，贾宏声或许就是那个北京病人。

在大片层出不穷的1994年，贾宏声主演电影《黑火》《周末情人》《极度寒冷》，那时他已陷入毒品之中。受药品之害，他性情大变，不工作，不与人接触，音乐也做得不算成功。随后，他住进精神病院，治疗幻视幻听的病症并开始戒毒。但世界并没有遗忘这个人，1998年，贾宏声与周迅主演电影《苏州河》，他的表演在蛰伏许久之后再次得到肯定。

我们无从知晓，这几年的光阴带给了他什么样的思考。

他自己曾说过："特别怕迟到，因为迟到会让人傻得一塌糊涂。不排戏的时候常常坐在一个角落里，不怎么和别人交流，真正有意义的是在主题中创作。我喜欢在排练场里‘卖单儿’（发呆）的感觉，挺高兴的。”

他还说过：“排戏的状态很愉快，我分分钟都在玩，找比较有意义的事。戏剧对我的生活有触动，让我投入进去，把自己燃烧起来。和摇滚乐有同感，但更原始。”

为了避免被干扰，他在排练的过程中会拒绝去看其他话剧演出，他说：“我没权利这么干，我正在创作，应该把自己闷起来。我希望这个戏和一般的舞台剧不同，能更加清晰，有新鲜的东西。”

作为年轻有为的优秀演员，他渐渐小有名气。

然而，那几年里，他不仅接触并疯狂爱上了摇滚乐，视披头士乐队的约翰·列侬为精神之父，同时还接触了并非摇滚精神内核的大麻和软性毒品。就此，他不再接戏，性格变得更极端、偏执和歇斯底里，再无法与任何一个人相处。远在吉林四平的父母为了不让儿子继续沉沦下去，提前退休把整个家搬到北京。

随后的一切，都像一场似乎没有尽头的战争。

孤独不是一种病。

在现实生活中，贾宏声说自己“没有一个朋友”。“朋友在我这儿没有概念”。“不怎么喜欢在大庭广众之中讲话，也不太爱和别人交流”。“很懒，最喜欢一个人待着，玩的事情以前都玩过了”。但对很多外国人，他反而觉得“他们一点儿都不奇怪，就像是中国某个省的人。我只是比较敏感，有时会变得有点神经质，很感性”。

直到今天，豆瓣上仍然存活着一个叫作“贾宏声，坚持住！”的小组，已经聚集了三千多人。

贾宏声主演的话剧《蜘蛛女之吻》现场音乐演奏是张楚。

张楚说，贾宏声的死，如同急速奔驰的列车上突然闪过一只飞翔的惊鸟，撞裂他心。“这杀伤力，不啻诗人海子和顾城自戕后，于我心划下的创痕。”

在《孤独的人是可耻的》这首歌的MV中，无人的冰面上，贾宏声面色冷峻地演奏着手中的提琴悲歌，其冷漠的表演一如张楚孤独的旋律。

贾宏声走后，北京接连下了好几天雨，但是磅礴的雨依然洗刷不去那些铺天盖地的流言蜚语。

贾宏声是什么样的?

据话剧制片人说，他有长短袖各一件，轮换着穿，“所以让人感觉从来不换衣服”。就是这样一个穿衣戴帽、言谈举止和个人经历都很另类的明星，曾经很礼貌但又坚决地告诉记者：“我不是明星，是演员。”而且笑眯眯地补充：“叫我小贾，也许十年二十年后还是这样叫。”他最爱说的话是“纯粹”“清醒”“和我没关系”，而那些曾经拥有过的辉煌年代和不堪往事，都不足挂齿。

面对贾宏声的死讯，周迅说：“这是一个令人震惊和伤心的消息，我想现在贾宏声最需要的就是安静吧，请大家尊重他。不要在这时打扰他的灵魂，希望他可以去他想去的地方，也请大家不要去打扰他的家人。”

面对这样一个孤独了多年的灵魂，我们可能早已学会了纵容，对于他的离去，除了惋惜，也没有其他办法。

1956年，金斯堡的诗集《嚎叫》在旧金山出版。第二年，凯鲁亚克发表了他的小说《在路上》；再过了两年，伯罗斯的《裸体午餐》问世……就这样，垮掉的一代形成了一种流派，并受到无数后世热血青年的膜拜及尊敬。

他们愤世嫉俗，但又无可奈何；他们心存幻境，却总被现实击毙；他们相信理想，最后通常用毁灭完成殉道。

贾宏声，无论他是下坠还是飞翔，在这个世界上，又少了一张漂亮、干净的脸庞。

面对理想主义者的夭亡，有多少人惊心动魄，又有多少人冷漠麻木，有多少人不过把它当成茶余饭后的八卦。但是，正如贾宏声当年以电影的形式向世人告诫毒品的恐怖；这一次，他以生命为代价，难道不是再次以极大的勇气提醒着我们，比毒品更加致命的是什么？

受够了虚伪的爱和感谢之后，所有伤心的人生活在这个世界上，将会有一个答案：顺其自然。

阴云密布的夜空依旧有光明，它照耀我直到明天。

希望你能找到你的新世界。

再见，贾宏声。

王小波，构筑
——一个诗意的世界

文/曹然

为了不做沉默的大多数
为了那一只特立独行的猪
王小波，我们很想你
想你那张“丑脸上泛起的微笑。

在中国，大概每一个文艺青年都可以把这份简历倒背如流：

王小波（1952—1997），当代著名学者、作家。出生于北京，先后当过知青、民办教师、工人，1978年考入中国人民大学，1984年赴美国匹兹堡大学东亚研究中心求学，两年后获得硕士学位。在美留学期间，游历了美国各地，并利用1986年暑假游历了西欧诸国。1988年回国，先后在北京大学、中国人民大学任教。1992年9月辞去教职，成为自由撰稿人。

我们记得《黄金时代》《白银时代》《青铜时代》《黑铁时代》，我们记得这位被誉为是中国的乔伊斯兼卡夫卡的高个子男人，记得许多小说中的主人公“王二”，也记得那句：“你好哇，李银河！”

当李银河认识王小波的时候，他自称为愁容骑士，把情书写在五线谱里，第一句话就是这样的：

做梦也没想到我会把信写在五线谱上吧。五线谱是偶然来的，你也是偶然来的。但愿我和你，是一支唱不完的歌。

于是这首歌唱到了现在，并且将一直唱下去。

王小波离开十六年了，历史常常出现这样的图景：有些人生前声名显赫，死后很快被忘记；另一些人一生寂寞，身后却被想起。按照许纪霖先生的说法，王小波应该属于后者。他留给后人的，是一个崇尚自由、理性、率真的思想家形象。在他看来，贫穷、善良和真诚，不是不道德的，而低智、偏执和思想贫乏，才是最大的犯罪。

当然，王小波并不想把这个标准强加给别人，他生前寂寞潦倒，死后嘈杂热闹。但他从不是为了热闹，在他看来，做学问是为了明辨是非。而写小说，呵呵，在《我为什么写作》中他提过：我相信自己有文学才能，我应该做这件事。

王小波生前两获《联合报》中篇小说大奖，在海外华人文学界获得广泛声誉。但当他期望进入内地文坛体制时，却遭到了前所未有的冷遇，甚至出版作品都很困难。王小波曾在小说集《黄金时代》的后记中坦承："本书得以面世，多亏了不屈不挠的意志和积极的生活态度。必须说明，这些优秀的品质并非作者所有。鉴于出版这本书比写这本书困难得多，所以假如本书有些可取之处，当归于所有帮助出版它的朋友们。"

是啊，和你一样，"我希望自己也是一颗星星：如果我会发光，就不必害怕黑暗。如果我自己是那么美好，那么一切恐惧就可以烟消云散"。

1997年王小波的遽然逝世，成为以他为名的一种现象的开端。

其作品被空前地传播和接受，在民间与知识界都引起巨大反响，作品的发行量至21世纪仍为90年代小说家中的佼佼者。各种形式的王小波纪念会、作品研讨会层出不穷，一时间席卷文艺界与文学批评界。但我想王小波并不在乎，他只赞叹知识，“知识另有一种作用，它可以使你生活在过去、未来和现在，使你的生活变得更充实、更有趣。这其中另有一种境界，非无知的人可解。”

王小波最让人感动的一点，是他从不炫耀，也不好为人师。

有别于同代人，他不曾选取巴尔扎克、雨果、狄更斯等主流作家为偶像，因为他自己就受不了宗教式的说教。王小波对写作的参照，是20世纪后文学的一翼：卡尔维诺、杜拉斯、尤瑟娜尔、莫迪阿诺……这是些被王小波称作完美的作家。他认为小说要尽量写得好看，要写一些作品给真正读小说的人看，而不是去教诲所谓的“不良青年”。

在《红拂夜奔》的序中，王小波写过：“每本书都该有趣，我能记住每一本有趣的书，而无趣的连书名都记不得。”

可惜的是，“无趣”是生活的敌人，但我们却常常被迫和敌人勾肩搭背。

早有人说过，日光之下，并无新事。

这些话语教给我们很多，但善恶还是可以自明。王小波，谢谢你住在虔诚的云里，告诉我们要越过灰暗拾级而上，你眼中盛满了温柔的歌。就这样，在你离开后的每一天，时光悠悠流转，我们走过一些言语的碎屑，用歌声消磨掉夜晚，心情变成尘土、化石和星空。

为了不做沉默的大多数，为了那一只特立独行的猪。

我们从王小波笔下学到的太多，去高处的路值得忍耐，去水里的路总是很辛苦。世事漫随流水，算来一梦浮生。

王小波，我们很想你，想你那张“丑脸上泛起的微笑”。

就算天起凉风，日影飞去，香草山上奔跑着羚羊和小鹿，没有你的日子里，依旧是人生长恨水长东。

足球无关生死

足球高于生死

文/曹然

足球高于生死

足球，归根结底只是一项游戏
敬业固然可敬可佩
但生活却不能因此受到影响

2014年6月，二十五天，六十四场比赛，一个大力神杯，搅得整个世界一片欢腾。

知名教练比尔·香克利的名言是：足球无关生死，足球高于生死。如果世界杯每年一次，我们应该不会如此热衷。于是，带着这种“四年之后再也不见”的心情，就这样走入了一个又一个夏天的童话。

2014年夏天，第20届世界杯比赛回到了足球王国巴西。

这是继1950年后，世界杯第二次在巴西举办，也是继1978年阿根廷世界杯后，第五次在南美洲举行。开赛不久，事先被人们看好的英格兰、意大利、西班牙等传统强队在小组赛时相继被淘汰，而被人寄予厚望的巴西与荷兰队也没能进入决赛。

先来看看这个在球迷心中无与伦比的“杯子”的历史吧。

世界杯是1928年FIFA（国际足联）为获胜者特制的奖品，是由巴黎著名首饰技师弗列尔铸造的。其模特是希腊传说中的胜利女神尼凯，她身着古罗马束腰长袍，双臂伸直，手中捧一只大杯。金杯高三十五厘米，重量三点八公斤，为银杯镀金铸成，立在大理石底座上。此杯为流动奖品，谁得了冠军，可把金杯保存四年，到下一届杯赛前交还给国际足联，以便颁发给新的世界冠军。此外有一个附加规定是：谁三次获得世界冠军，谁将永远得到此杯。

第一次世界大战结束后，巴黎红星队创始人于勒·雷米特先生当选为国际足联主席，他重新推动这项搁浅的计划。他向各国足球界领导人做了大量的说服工作，极力证明：一项世界性的足球比赛完全可以同顾拜旦男爵创立的奥运会比赛并行不悖，并且能够兴旺发达，他苦口婆心，耐心之至。

直到1925年，在布鲁塞尔的一家饭店内，乌拉圭外交官布埃罗代表两届奥运会足球冠军得主乌拉圭队，正式对雷米特表示支持。

这，在当时起了不小的作用。

1926年12月10日，国际足联在巴黎召开了一次工作会议，瑞士、匈牙利、法国、奥地利、德国等许多国家都派代表参加了这次会议。四个月后，会议的草案被提交给各国足协。1927年6月5日，在国际足联召开的赫尔辛基会议上，以23票赞成、5票反对（北欧国家表示反对）、1票弃权（德国）通过了巴黎工作会议议案。1956年，国际足联卢森堡会议上，把锦标赛的名称改为“雷米特杯赛”，以表彰前国际足联主席、法国人雷米特为足球事业所作出的巨大贡献。

后来，有人建议把两个名字连在一起，称为“世界足球锦标赛——雷米特杯”；最后在赫尔辛基的代表会议上，最终更名为“世界足球冠军杯——

在足球的世界里
总有人欢笑有人哭
那些为了足球奉献了所有青春的人
也总会老去，离开

雷米特杯”，简称“世界杯”。

每四年举办一届。

时间来到了2014年7月13日，这是两德合并后，德国队第一次夺得世界杯冠军。

这不禁让人想到一部有关于足球的电影《胜利大逃亡》。有人说，如果不是因为第54届奥斯卡奖的评委集体打盹的话，那年的小金人，无疑会颁给这部有史以来最好的足球电影《胜利大逃亡》。这部由美国和英国于1981年联合摄制的足球巨片，除了由当时如日中天的硬派巨星史泰龙领衔主演之外，还囊括了球王贝利和足球皇帝贝肯鲍尔，以及一大批上世纪80年代初红得发紫的足球巨星。

故事取材于“二战”时期一段真实的史实，讲述了一群盟军战俘组成的足球队挫败纳粹德国球队的故事，从而粉碎了其妄图利用足球比赛挫败盟军士气的阴谋。影片高潮迭起、惊险曲折，特别是在结尾处，足球巨星们在绿茵场上的一个个精彩绝伦的表演镜头，至今仍深深地留在许多球迷心中。

反观今日的德国球星克洛泽，在本届世界杯与巴西队的比赛里打入载入史册的一球，以十六球成为世界杯历史上的最佳射手。不过，赛后他却宣布，自己将在明年夏天退役。这届世界杯，西班牙在小组赛悲惨出局，随着西班牙王朝落幕的还有三十四岁的中场核心哈维。而英格兰队的全能中场兰帕德，意大利队三十五岁的皮尔洛、三十六岁的布冯、哥伦比亚队四十三岁的“活化石”蒙德拉贡，也许他们参加下一届世界杯已不可能。

“足球无关生死，足球高于生死。”

足球，归根结底只是一项游戏，敬业固然可敬可佩，但生活却不能因此受到影响。即使是钻研足球到极致的穆里尼奥，也不能免俗。2006年，禽流感袭击英伦三岛，英国上下一片恐慌，穆里尼奥一脸正色地说：“最近几天禽流感是我们都关心的话题，我必须买个防毒面具了。同生命相比，足球啥都不是。”

在足球这个世界里，没有所谓的皆大欢喜和happy ending，总是有人欢笑有人哭，那些为了足球奉献了所有青春的球星，也总会老去、离开。再见时除了回忆，还有和记忆里的美好瞬间一起交缠的唏嘘。

在这道漫漫的时间长河里，你将永远不会独行。

越过山丘之后，渴望一个拥抱

文 / 黄欢

琴槌敲击琴弦发声
敲静了心灵，也敲开了思绪
更是敲得让人顿悟人生

一架钢琴，孤单地奏出一串单音，前四个音符以五度相生的关系，向上攀爬着，好像一切是那么理所应当，又或者那么让人无法去改变，速度一点点加快，直到音高上升到最高点，也回归到第一个音，单音结束，和弦不慌不忙地落了下来。最终结束在一个特别低的单音上，就像时间上来自远古，或者空间上来自宇宙中心，又或者是对于人来说来自内心深处的一个敲击，这次敲击好像让什么东西显露了出来。

琴槌敲击琴弦发声，好像山丘的顶端有一个庙，庙里有一组钟乐，一个人自顾自地敲击着。敲静了心灵，也敲开了思绪，更是敲得让人顿悟人生。

这，便是李宗盛《山丘》的前奏。

随后，略带沧桑的人声闯了进来，就像是一个满是绿色、清新的全景镜头中，闯入了一个中年大叔的脸部特写。乐器换成了吉他，清澈却也淡然，像是流浪过天涯海角，也像是远行过人生百态。让人不禁想到了在远古有这样的一些人，他们的人生与这个人声一样沧桑，那时的他们随身带着一把琉特琴，云游四方，唱着心中的歌，现在的我们管他们叫游吟诗人。

“想说却还没说的/还很多/攒着是因为想写成歌/让人轻轻地唱着……”这不就是一个游吟诗人吗！念白式的唱腔，说不清是在吟诵，还是在歌唱，娓娓道来一个有着旋律的句子，情绪像墨滴在纸上一样，一点点地洇了出来。而吉他，玩着节奏的游戏，在拍点上与拍点之外游离，吉他像是人声的老朋友，为他伴奏的同时，还不时地在节奏上岔他两句，却也产生一种情趣，那是只有知根知底的至交之间才能有的一种默契与无忌。

于是，“然后我俩各自一端/望着大河弯弯/终于敢放胆/嘻皮笑脸/面对/人生的难”。

到了衔接段落，音乐上做了一点调的游离，大调在小调的帮衬下，变成了无所顾忌的咏叹，而小调在大调的背景中，则增添了那么一点彷徨与纠缠。活了如此之久，到底活明白了吗?

年龄老了，人成熟了吗?

渴望年轻，是想再给自己一次成长的机会吗?

于是音乐在游离，情绪也在波动中酝酿。

副歌部分，贝斯进来了，一下子加重了低音部分，音乐也变得深沉起来。李宗盛的声音好像在天地之间呼喊，但好像没有呼喊的对象，只是在陈述自己一路走过来的感悟、看到的现实，却又好像全天下人都是他呼喊的对象，分享自己的经验与阅历。

这，是一次耗费经历的情感表达。

年龄老，人成熟了吗？
渴望年轻，是想再给自己一次成长的机会吗？
于是音乐在游离，情绪也在波动中酝酿

人声又一次跟吉他对话，但是这一次有了钢琴在中间穿插，点缀个环境，衬托个心情，有些不变的东西，不会因为宣泄就不再影响你。喝多少酒、咒骂多少次、唏嘘得多深刻，该不管事的还是不管事，该照旧的还是跟“外甥打灯笼”一样。

弦乐在衔接段第二次出现的时候，加入了这个演出。线条此时还很平稳，旋律线条先抑后扬，预示着这个弦乐一定不会那么平庸，它是一种力量，这种力量是人为赋予的，它是一种传递的渴望，无论是倾诉还是说服。这种力量比宣泄本身更为重要，因为传递意味着分享，而分享才是人生中最重要的环节，无论是你分享给别人，还是接受别人给你的分享，成人之美或者是完善自身，都是传递的渴望所催生出的分享。然后在这一段的末尾，鼓进来了，音乐顿时被添加了一个动力，这个动力辅助这个力量前行。

弦乐进入了自己的乐段，旋律不再平稳，大起大落，向人们展示这个传递的愿望有多么强烈。切分的节奏型告诉我们，这种渴望是多么坚定有力，不会动摇。

在这样的背景下，所有乐器和人声一起又反复了一遍副歌，直到把副歌拆散重组，仿佛是一种不屈不挠的抗争。就算是遇到困难的时候没有人帮助我，越过困难的时候也看不到人来为我喝彩；就算是记不得谁给了我拥抱；就算是不再年轻，青春耗尽；就算是被命运捉弄得迷失了自己，不知所往，不知所措……

那又怎样？

我还是还会一直跟命运抗争还手。什么时候停？死了再说吧。

瞬间，执着变成了信念，信念变成了信仰。

然后看一眼自己落寞的身影，还是希望自己能有一个现实的拥抱，不再是那个不知道什么时候给的、也不知道是谁给的、只存在于模糊记忆中的拥抱的感觉。

从高音突然掉落到低音里，无可奈何，不可强求。

如果说，这样强烈传递的渴望有一点点私心的话，那大概就是这个拥抱了。所以，这种渴望，在弦乐之中不断重复，没有尽头，没有终止。

时间里的飞人

文 / 黄欢

音乐是个绝好的天然屏障
无论在哪里，只要我们闭上双眼
就能沉浸其中

过了三十岁，发现很多道理不是别人告诉你的，而是生活的眷顾。

比如坐飞机，这件再普通不过的事情。飞机飞上天空的时候，明明我们就是安稳地坐在机舱的沙发椅上，可还是会有一瞬间失重的感觉，因为状态的突然改变，我们从静默变成被带着飞，从一个城市到另一个城市，从自己到另一个自己。

有一首歌，叫作《时间里的飞人》，来自莫文蔚。

这首歌算是其新专辑中实至名归的佳作之一了，不仅仅是因为王海涛、伦永亮的保驾护航，还有Karen更加成熟的演绎——中低音区更加沉稳，使得整首歌像电影画面一样，非常有带入感。它也是近段时间一直在我mp3里循环播放的歌、又一次瞬间失重之后耳机里响起的歌。

时间只会 / 霸道地给人拒绝 / 人生它那么急 / 像孩子在爬楼梯 / 一转眼 / 就大人的语气 / 倔强地离开你 / 不论走在哪里 / 都往返在过程里 / 那难忘的脸庞 / 在时间静止中的模样……

云层像歌里唱的一样低，时间也如她唱的那么急。

在这低吟浅唱之中，我们也许早就意识到了，所以才那么着急忙慌地到处乱走；我们也许从来没有意识到，所以每次忙慌之余总是无助无措。于是问题来了，为了珍惜时间到底是应该拼命地去花费时间，还是应该努力地留在当下？

毫无疑问，花费时间是我们能力范围内的事，而留在当下好像总是徒劳。

从这个层面来说，我们最需要做的就是把我们手中的时间忠诚地一点点用掉，去做一个性价比最高的时间使用者。也就是我们常说的做想做的事，见想见的人，让时间真正属于自己。

《时间里的飞人》再一次repeat。

音乐是个绝好的天然屏障，无论在哪里，只要我们闭上双眼，就能沉浸其中，在我们有意铸成的“城堡”中，只有那个无形的声音和有形的自己。

时间它像个谜 / 我忽然停在这里 / 当睁开眼 / 一切都不熟悉 / 晚间又离去……

我们害怕失去，时间、人、物件都一样。

可是，除了时间之外，没有哪种失去是在预期当中的。你以为永远可依靠的人也许转眼就失去，你以为保存得好好的东西转身就不知去向，唯有时

时间也许会改变许多

会让我们失去所习惯或依赖的人、事、物

但是它也会沉淀许多，它就像一个过滤器一样，

给我们留下弥足珍贵的部分

间，今天过去，就是明天，根本没有昨天可以拿来做无意义的缅怀。

诚如那首《旅行的意义》，绝不是陈绮贞唱出来的意义，而是可以寻找到每一个不同终点投射出的自己，或者美好或者不堪，或者虔诚或者轻浮，或者甜笑或者痛哭。在路上的人总是有一种特别的真实感，那些当下的表述总是可以被打包丢进路边的垃圾桶，我们自己则全身而退，在熟悉的环境中继续呼风唤雨、满面春风。

秋虫呢喃的地方 / 好久没搂的肩膀 / 最近却很经常 / 出现在我 / 哭过的梦乡 / …… / 有些人 / 没想过会失去 / 此刻已永远地失去 / 来不及 / 好好地做个道别

听到A段转B段的间奏，听到打击乐声音增大、节奏加快，再配上弦乐的声音，总有一种酣畅淋漓的快感。好像自己所经历的快乐或者不快乐，都在鼓点的敲打下变成碎片，一片片飞上天空。虽然眼前的画面会像蒙太奇一样被我们随意地拼接，但是随便指向一个地方，当下自己那种真切的感觉又会涌上心头。

时间也许会改变许多，会让我们失去所习惯或依赖的人、事、物；但是它也会沉淀许多，就像一个过滤器一样，给我们留下了弥足珍贵的部分。所以，真正留在我们心里的东西不会湮灭，我们可以更坦然地面对变化的部分。哪怕，这种变化是永久性的。

这就是所谓的时间的魅力。

我们总要学会勇敢地挥手告别，跟你最爱的人，就算他已经永远地离开你；也跟我们自己，哪怕，我们已经美好到被万人景仰。但千万不要跟时间告别，明天在对我们善意地打招呼，无论如何，请回应给它一个灿烂的笑容。

被彬彬有礼的空姐轻轻拍了肩膀：

飞机要降落啦，请关掉播放器。另外您的飞行旅程累计已达到我们航空公司白金卡要求，我们会把您的贵宾卡做升级。

你看，银卡变金卡，金卡变白金，钻石应该就在不远处。

国境之南恒春

文 / 霍树正

时间可以带走一切
却带不走回忆

1945年12月25日。

友子、太阳がすっかり海に沈んだ。これで、本当にに台湾岛が见えなくなってしまった。

君はまだあそこに立っているのかい?

一九四五年十二月二十五日
友子，太阳已经完全没入了海面
我真的已经完全看不见台湾岛了
你还站在那里等我吗?

——第一封信

看着上面的文字，不知你依稀想起什么?

这不是出自名家之手，更不是流传百年的经典情书，而只是一封简单到不能再简单的书信。

只是，这封信有人等了六十年。

是的，这封情书来自《海角七号》这部影片。

围墙后的一片大海，简陋的二层板楼，一个叫阿嘉的男孩和叫友子的女孩，还有一座位于国境之南的城镇——恒春。

在影片伊始，主人公阿嘉抄起了电吉他，砸向电线杆，说出了本片的第一句台词：“我×，我×你妈的台北！”然后，干净利落地翻身上了机车从台北逃离，回到自己的家乡恒春。开始做一个兼职的邮差；后来由于日本歌手中孝介在海滩演唱会前，需要暖场的乐队嘉宾，阿嘉就和失去恋人的原住民交警劳马、小米酒推销员马拉桑、瘸腿的邻居茂伯、暗恋老板娘的机车修理员水娃、辍学参加唱诗班的女学生大大，组成了一支不太靠谱的乐队。

不过，影片的情节却没有这么简单，导演魏德圣亲自撰写的“七封情书”，让《海角七号》呈现出一种迥异于青春片的厚重和隽永，用一个六十年的鸿沟，画出了两代人爱的路途。

友子、无事に上陆したよ
七日间の航海で、
戦后の荒廃した土地に,ようやくたてたのに、海が懐かしんだ
海がどうして、希望と绝望の両端にあるんだ
これが最后の手纸だ、あとでだしにいくよ
海にくばわれた仆たちの爱
でも、思うだけなら、许されるだろう
友子、仆の思いを受け取っておくれ

友子，我已经平安着陆

七天的航行

我终于踩上我战后残破的土地

可是我却开始思念海洋

这海洋为何总是站在

希望和灭绝的两个极端

这是我的最后一封信

待会儿我就会把信寄出去

这容不下爱情的海洋

至少还容得下相思吧

友子，我的相思你一定要收到

——第七封信

“我的相思你一定要收到”，这是六十年前男人唯一的寄托，或许就是老天弄人，唯一的寄托也随着大海一直漂漂荡荡。

当每一封情书出现的那一刻，文字的温度就使得所有的情感趋于平静。

其实，在我们每个人心里都有一封情书，无论是寄给什么人或寄到什么城市。问题只是我们是否有勇气说出那些话，是否有机缘收到那封信？

有人说，六十年是一个轮回。

六十年前，友子和她的男友只剩下了七封情书的回忆，而在六十年后阿嘉和友子却终于走在了一起。也许紧紧相拥的恋人和身后浩瀚奔涌的大海，才是恒春这座古镇独有的记忆。

“留下来，或者我跟你走。”

当阿嘉在海边抱着友子说出这句话的时候，恐怕只有恒春这座美丽的城镇才配得上这么美丽的爱情。

对于恒春，恐怕大多数人的印象都只是停留在《海角七号》这部电影，而我却是亲身经历过了。

当我踏上恒春古城的那一刻，走在四周的城墙上，吹着凛冽的海风，似乎我就懂了，似乎就看到了那些陌生而熟悉的身影。看到了沙滩上那个不靠谱的乐队。看到了，“阿嘉的家”这个2008年建造的《海角七号》特有的房子，直到今天还原封不动地保存着。看到了，阿嘉和友子在拍摄时用的床单被套也都还崭新地铺在床上，甚至连影片里阿嘉砸毁的吉他、写给友子的情书也被收藏在房中。唯一不同的是，房间的主人早已不是阿嘉。

时间可以带走一切，却带不走回忆。

或许你可以寻找电影中的情节，买到那些木质的明信片，散步到茂伯工作的邮局，但是影片中的那份爱情你却无法找寻。因为那是只属于阿嘉和友子的爱情。所以，倒不如离开这座小屋，买上一瓶小米酒，坐到海边的围墙上，听听海风，享受属于恒春古镇的安宁，感受那情书里所散发出的温情——

君を忘れたふりをしよう
仆たちの思い出が渡り鸟ぼように
飞び去ったと思い込もう
君の冬が终わり、春が始まったと思い込もう
本当にそうだと思えるまで、必死に思い込もう
そして、
君が永远に幸せである事を、祈っています

我会假装你忘了我
假装你将你我的过往
像候鸟一般从记忆中迁徙
假装你已走过寒冬迎接春天
我会假装……
一直到自以为一切都是真的
然后……
祝你一生永远幸福

心里汹涌着的唯有这句话：人只能活一回，梦想却有无数个，唯有放手一搏，才能知道机会属不属于自己……

小酒馆里的探戈香

文/王雪

在布宜诺斯艾利斯闲逛
最吸引人的，是耳边
总飘荡着的暧昧而又优雅的探戈音乐

或许，正是因为隐藏在舞蹈和音乐当中
那浓得化不开的热情
融化了冷漠社会中人们冰冷封闭的心

有些人说，布宜诺斯艾利斯是南美洲的巴黎，这大概是因为这个南美洲最大港口城市的空气里总是飘荡着浪漫的风情。

古老而带着些许暧昧风格的小酒馆随处可见，路上游走的人们口中的西班牙语中也藏着说不出的风情。闲逛在这座美丽的城市当中，随处可见古老的、现代的建筑和风景名胜。最吸引人的，还是耳边总飘荡着的暧昧而又优雅的阿根廷探戈音乐。

说到探戈，这是阿根廷的民族音乐，是白人融合黑人的音乐，地位如同中国的京剧。

探戈的起源颇为有趣，它原是这个城市的boca地区的码头移民工人们发明的一种两个男人在一起跳的舞蹈。那个时候，男人们在等自己的姑娘时一边活动筋骨，一边练习舞步。所以，可想而知，这样的音乐加上这样的舞蹈充斥着“下流”的歌词和腔调，在刚刚萌芽的阶段，上流社会的绅士淑女们是不能接受这样的艺术的。

探戈的发源地在布宜诺斯艾利斯boca地区的小酒馆里。

这个地区是布宜诺斯艾利斯的港口，曾经聚集着大批源于欧洲和非洲的移民，形成了一个特殊的外来社会群体。他们大多过惯了海上漂泊的日子，在酒吧里靠唱歌、跳舞和谈恋爱来消磨时光。

探戈，就这样在这一地区的小酒馆里慢慢滋生了出来。

虽然最早这一类歌舞是为了调情用的，可是时间长了，它的音乐风格却被来自世界各地的人们改编着、改进着。由此，探戈里逐渐融入了大量来自西班牙、法国、非洲的元素，而舞蹈更是把世界各地的民间舞糅合在了一起。

最初，小酒馆里诞生的阿根廷探戈，跟我们在国标舞当中所看到的国标探戈完全不同，它需要两个舞者贴身表演，并且要快速地完成脚步的一系列动作。想来，这样的舞蹈，也许当年就是为了给远行而来的水手们解闷，所以从一开始，这些舞蹈就充满了浓浓的暧昧味道。

到了后来，跟随着大航海时代的蓬勃发展，探戈才流传到了欧洲，在那里被净化后受到欧洲音乐家的欢迎。当然，海洋把原始的探戈带去了欧洲，就会把更丰富的音乐元素带回到阿根廷。在欧洲转了一圈儿“被欧洲接受”的探戈再次传回阿根廷的时候，阿根廷的上流社会对它的态度就立刻来了个一百八十度大转弯。

于是，探戈由此变成了阿根廷的国粹和阿根廷的象征。

当然，探戈真正发展壮大还是依靠着阿根廷人的智慧，而我们今天能够听到的那么多悦耳又极富想象力的作品，和布宜诺斯艾利斯温和的性格大有关系，在这个城市中，为了这些舞蹈而创作的音乐也层出不穷。

如果要说探戈世界里的第一个明星，那么非卡洛斯·伽达尔莫属，因为他是第一个把探戈引入流行音乐领域的人。在阿根廷，伽达尔对于探戈的贡献，就像猫王之于摇滚乐。可惜的是，他的生命终止于四十五岁时的一次空难，而那个时候，也正是他创作探戈音乐的高峰时期。不过，阿根廷人是不会忘记这位印着大大的探戈标签的先生的。如果你现在走在布宜诺斯艾利斯的大街上，仍然可以看到的就是到处都有他的画像，而这个城市里的人们会把他和马拉多纳以及格瓦拉的画像并排挂在一起，这都是他们的民族英雄。当然，这位作曲家的音乐，我相信，正在阅读的你，一定是听过的。这位阿根廷探戈无

于是，探戈
由此变成了阿根廷的国粹
和阿根廷的象征

冕之王的探戈作品《只为伊人》（*Por una cabeza*）的旋律你一定不会陌生。是的，这是一首带有贵族气质的小提琴和钢琴演奏曲，诞生于1935年，曲子的走红则是因为电影《闻香识女人》当中一段温情而暧昧的舞蹈选用了这首曲子作为配乐。而后，这首曲子成为众多电影的宠儿，它多次奏响在大银幕上，这其中也不乏《辛德勒的名单》这种奥斯卡名作。不得不承认，自从有了这首曲子，整个世界都开始了解并接受了阿根廷探戈。

随着时间的变迁，今天的阿根廷探戈早已成为南美文化当中不可或缺的

它，也成为了人们载歌载舞歌唱生活
舞动爱情的一部分
当然，探戈风情最浓郁的地方
依然是布宜诺斯艾利斯城市深处的小酒馆里

一部分。

或许，正是因为隐藏在舞蹈和音乐当中那浓得化不开的热情，融化了冷漠社会当中人们冰冷封闭的心。今天，作为国粹的阿根廷探戈并没有死去，甚至，它再一次从大银幕上、大舞台上下来，回归到酒馆里，回归到码头上和水手当中。

它，也成为人们载歌载舞歌唱生活、舞动爱情的一部分。

当然，此时此刻，探戈风情最浓郁的地方依然是在布宜诺斯艾利斯城市深处的小酒馆里，它们依旧时时刻刻散发着令人心醉的馨香。

西西里，世界是个隐喻

文 / 王雪

有些地方有的人住了一辈子
却什么都没有留下
有些地方朴素清新
却因为一两个人的经过而变得有声有色

有些地方有的人住了一辈子，静静地来，静静地走，什么都没有留下。有些地方朴素清新，却因为一两个人的经过而变得更加有声有色。

西西里岛注定就是后者。

20世纪50年代，智利伟大诗人——聂鲁达，因政治倾向在国内受到通缉，流亡到意大利西西里岛当中的一个风光怡人的小岛——萨利纳——临时避难。诗人的到来，好像微热柔和的西西里海风将小岛朴素的生活吹得如一幅薄纱背后的画，而随之，世界各地崇拜者的信件便像雪片一样飞来，打破了小岛的宁静，也让小岛上唯一的邮差马里奥看到了诗歌的魅力。

于是，电影《邮差》的故事就这样发生了。

小岛太小，小到送信的邮差只用一辆单车就可以把信件送到岛上每个人的手里。

因为送信的原因，他认识了聂鲁达，聂鲁达说“世界是个隐喻”，而这里是一个由诗歌编织出来的世界。由此，马里奥也想变成一个诗人，因为，有了诗歌，就会有女人爱他。

聂鲁达让马里奥沿着海边漫步，留意周围发生的一切，再试着用它们作出比喻。于是，马里奥创作出了平生第一首诗歌：“我像只小船，在您的词语中颠簸。”这也是他生平第一次使用了比喻。

读着聂鲁达的诗歌，马里奥发现了世俗生活里的美好。

聂鲁达离开了小岛。

他走后，邮差马里奥开始书写诗歌，在他的诗歌里充满了小岛上各种大自然的声音。多年之后，诗人聂鲁达和妻子再次回到了这个小岛上，在这个曾经路过的地方，他听到了邮差马里奥专门为他用岛上的自然之声写下的诗句。

第一，是海湾的海浪声，轻轻的；
第二，海浪，大声的；
第三，掠过悬崖的风声；
第四，滑过灌木丛的风声；
第五，爸爸忧愁的渔网声；
第六，教堂的钟声；
第七，岛上布满星星的天空，我从未感受到天空如此的美；
第八，我儿子的心跳声。

这冥思苦想后的比喻，这浓得化不开的愁绪，让诗人泪如雨下。

这也是马里奥送给聂鲁达的礼物，他曾经和邮局局长拿着录音机跑遍了这个岛屿，海岸、悬崖、教堂、渔船……他笃定地想，诗人应该没有忘记这些地方，听到这些声音时也肯定会想起来，也许还可以再见一次这个改变自己一生的诗人吧。然而，在诗人离开小岛后，他在一次集会上本要朗读一首颂扬聂鲁达的诗歌时，意外地死了。

他，留下的诗歌和那些收集到的小岛上的各种各样的声音，只是为了不要忘记。

有许多许多人，看到这段时哭了，心里涌现出的是一股美好而又伤感的惋惜，为了马里奥，也为了聂鲁达，更为了他们那起于“世界是个隐喻”的美好友谊。

当诗人聂鲁达逝世十周年的时候，他的学生斯卡尔梅达将这个故事写成了小说来纪念这位逝去的伟大诗人。

1995年，根据小说改编的同名电影获得五项奥斯卡提名大奖。而由意大利作曲家路易斯·巴卡罗夫所创作的电影原声音乐也拿到了当年奥斯卡最佳剧情片配乐奖。

这部关于智利著名诗人巴勃罗·聂鲁达的电影，在几乎所有公开放映过这部电影的国家，都掀起了一场对一位被誉为20世纪最伟大诗人的追思怀念。

聂鲁达的很多诗歌也就这样被人们所记住、所怀念。

比如，那首非常柔美而浪漫的诗歌《我喜欢你是寂静的》，诗歌里这样写道：

我喜欢你是寂静的，仿佛你消失了一样。
你从远处聆听我，我的声音却无法触及你。
好像你的双眼已经飞离远去，
如同一个吻，封缄了你的嘴。
如同所有的事物充满了我的灵魂，
你从所有的事物中浮现，充满了我的灵魂。
你像我灵魂，一只梦的蝴蝶，
你如同忧郁这个字。
我喜欢你是寂静的，好像你已远去。
你听起来像在悲叹，一只如鸽悲鸣的蝴蝶。
你从远处听见我，我的声音无法企及你。
让我在你的沉默中安静无声。
并且让我借你的沉默与你说话，
你的沉默明亮如灯，简单如指环。
你就像黑夜，拥有寂静与群星。
你的沉默就是星星的沉默，遥远而明亮。
我喜欢你是寂静的，仿佛你消失了一样，

遥远且哀伤，仿佛你已经死了。

彼时，一个字，一个微笑，已经足够。

而我会觉得幸福，因那不是真的而觉得幸福。

从诗歌文字的字里行间不难看出，聂鲁达一生除了政治上的追求之外，剩下的所有生命的能量都用来书写诗歌和歌颂爱情了。

如今诗人聂鲁达已经逝去多年，可是他和马里奥的故事永远留在了美丽的西西里群岛，也是因为那些美妙的诗歌，那些出神入化的比喻让每一个读到它们的人心里仍然存有最纯真的美好。

不要以善之名，谋杀无法碰触的感情

文 / 刘宇迪

生活不易，知己难寻

且行且珍惜。

无论亲情、友情、爱情。

看惯了俗套的爱情、亲情，有没有一种感情，与物质、功利、名分无关，却实实在在存在地我们内心深处，蓄势待发。

法国导演奥利维·那卡什和艾力克·托兰达，就用一个真实的故事给我们讲述了这样一份人与人之间存在的最真挚、最纯净，简单如空气一样的友情。

故事的主人公是白人富翁菲利普，因为一次跳伞事故高位截瘫，瘫痪在床的他想招聘一名全职护工。过高的薪酬，让无数的应聘者使尽浑身解数，当然，这并不能打动菲利普的心。直到一个年轻人出现，他的名字叫德瑞斯。

一个黑人！他的出现却让菲利普作出决定。

虽然德瑞斯刚刚刑满释放，整日游手好闲，一心只想寻张辞退信以申领救济金，面试时的德瑞斯对待这份工作毫无兴趣。但是菲利普还是看中了这个小伙子，因为德瑞斯那不着边际的无聊幽默，在菲利普面前展现了，你是和我平等的人，那我们就应该这样去交流。

德瑞斯因此得到了护工的工作，菲利普和德瑞斯的关系也就构成了简单如空气一样的友情。

这是一个倒叙的故事。

黑人德瑞斯所成长的环境恶劣不堪，盗窃、抢劫、大麻。以至于他的生存原则简单到如动物一般——只要能活下去就好！

而菲利普所在的社会圈就像很多人向往的那样，矫揉造作，规矩繁多，菲利普需要的是一个不理会这些上流社会规矩，其实就是世俗眼光的朋友。就像菲利普的台词那样："我不需要他的同情心，德瑞斯把电话递给我，因为他时常忘了我不能动，我只要他身体强壮，有手有脚，正常思考，不必在乎他的过去。"

一个是极其富有的富家老爷，一个是只能靠救济金活着的社会最底层的穷小子，这样两个背景迥异的人，身份有别，却出人意料地相处融洽。

当然，这样两个人，一开始的相处必定不是融洽的。

由于常年瘫痪在床，菲利普必须靠穿类似丝袜的东西来维持身体的血液流通，任何一个男人都应该不想去给另外一个男人穿丝袜吧。德瑞斯同样认为这些是一个男人不应做的事，不要忘了他的生存原则，放弃对他来说实在太简单。但意外的是，德瑞斯最后还是选择了尝试。除了穿丝袜，当然还有更加不容易理解的。给菲利普擦屁股这样的事，让德瑞斯真的忍无可忍！这些照顾一个全身瘫痪的男人的工作对于德瑞斯来说，已经超越了自己的底线，从来不曾想过自己会做这些，但看似不可能完成的任务，德瑞斯在最后也不得不硬着头皮去完成。

后边的故事顺其自然地发生着，午夜菲利普病发，呼吸不畅，德瑞斯推他出门，二人一路畅谈，在街头同享一根烟；一起打赌，演戏骗警察为超速的他们带路；一起做属于男人的按摩，给菲利普重新找到男人的快乐。

市井生活让菲利普重新找到生活的乐趣。

之前的故事，其实也在不断地表现德瑞斯的另一个优点，就是责任心。对于与自己血缘关系并不近的弟弟，德瑞斯知道他有责任；对于收养自己的“妈妈”他也知道有责任心；而对于菲利普，他同样有责任心，这就是他们互相信任的条件，复杂而又简单。

在他准备开车送菲利普去画馆的时候，看见邻居把车停到家门口时，他简单粗暴的处理方式为菲利普解决了心结。

知心，不是只有他知你，或者只有你知他，而是彼此互相知心，交谈之间不必害怕会说错什么话会伤害对方，而能知道对方真正需要些什么，人生得一如此知己，足矣！

尤其是两个人一起去看音乐剧，对于音乐剧一窍不通的德瑞斯，在现场不加遮掩地嘲笑着台上的演员，虽然身旁的贵族对德瑞斯嗤之以鼻，但却让菲利普感受到身边这个没有接受过高等教育的年轻人是如此的真性情。当菲利普身边的人说这个黑人小伙子进过监狱、没有教养、没有怜悯之心的时候，菲利普用一句“我要的就是没有怜悯之心”维护了他的朋友。

如果故事就按照这样的路数继续下去，无非是一个年轻人帮助了一个残疾人的雷锋故事。

然而，朋友之间的爱是没有束缚的，不以善的名义谋杀自由的情感。

菲利普明白，德瑞斯不该被自己束缚，他还有自己的家庭要照顾，他还有更大的潜能去做更多的事情。在电影后半段，菲利普不想再让他陪着自己度过余生，于是他换了另一名看护。

那位始终小心翼翼、稍有问题就以“他有病”来与旁人解释的专业看护，令菲利普的心一日日苍老，越发怀念那个陪他玩、陪他疯，甚至拿瘫子这件事开玩笑的朋友。

喜欢就是放肆，但爱就是克制，这句话同样适用于友情。

后来，德瑞斯给菲利普安排了一顿特别的午餐，不是他们两个，菲利普有一位与自己常年联系的笔友，可是介于自己的情况，一直没有见面，德瑞斯把机会给了和菲利普从未见过面的那个女人。

菲利普感动得热泪盈眶。

电影的结尾，德瑞斯再次回到菲利普的身边照顾他，菲利普给予德瑞斯成长，德瑞斯给予菲利普生的快乐，两个人重新面对自己本来的生命，让自己的生命继续得到幸福的继续。

这是一个没有生与死、没有眼泪婆娑，只有生而平等的故事。

除了感慨两个人之间的友谊之外，得到更多的是，不要用善的名义谋杀无法碰触的感情。正所谓人生最大的幸事莫过于一个懂你的知己，红颜也好，蓝颜也罢，在你痛苦煎熬的时候递给你一支烟；带你体验未曾经历的刺激；与你分享琐碎却又令人回味的生活。

太多的时候，人们喜欢把自己的善良凌驾于他人的感情之上，对别人贴上各种各样不同的标签，尤其是身有缺陷的人。殊不知，在身体缺陷的同时，我们的灵魂是平等的。上天为你关上了一扇门，却又在另一个地方为你开启一扇窗。心灵的沟通有时候只需要一个动作、一个眼神、一个默默地转身。

生活不易，知己难寻，且行且珍惜。无论亲情、友情、爱情。

——要知道，人活在这个世界上，少不了的，就是最真挚的感情！

与2014年，轻道一声后会无期

文/李雅男

好的音乐，原本就可以脱离电影独立存在比如《滚滚红尘》，比如《匆匆那年》

韩寒所想展示的
热血、讽刺、独立及向往
除了影片本身，
也寄托在他的电影音乐上

2014年，不得不提到的重量级粉丝文艺电影，那就是韩寒的公路影片《后会无期》了。

看似平常的旅程，却暗藏伏笔，两位男主角最终走到了终点，开始了截然不同的人生轨迹。那些还未得到就失去的人，似如遇苍穹，划归虚无。

韩寒所想展示的热血、讽刺、独立及向往，除了影片本身，也寄托在他的电影音乐上。

朴树的归来，成就了一曲《平凡之路》，据说有抑郁症的人会更深懂；而脱离了呐喊与爆发的新晋小天后邓紫棋，则娓娓道来了一曲熟悉的旋律，也就是电影的同名主题曲《后会无期》。

邓紫棋的《后会无期》，是一首重新填词的再创作作品，这首歌曲原是*The End of the World*（《世界末日》）的曲子，由阿瑟·肯特和抒情诗人西尔维亚·迪创作。西尔维亚·迪的父亲去世，于是就有了这样一首直抵人心的伤感曲子。

歌曲的原唱，为美国著名的乡村音乐女歌手斯基特·戴维斯。

她在1963年演唱的这版*The End of the World*（《世界末日》），被评为当年最受欢迎的歌曲，她的嗓音流畅圆滑，吸引了远远超出传统乡村音乐的更多听众。这位几乎完全属于一辈子只有一首金曲的老艺术家，这首歌也是她唯一的传世之作。2004年，斯基特·戴维斯去世，葬礼上放的就是这首歌。

2009年，电影《美国情事》选择*The End of the World*（《世界末日》）这首曲子作为片尾曲，在末处直抵人心的那份伤感迷醉了无数人。

这，是一首被翻唱无数次的歌。

日本美声天后藤田惠美、内地摇滚音乐教父崔健、香港歌神陈奕迅、英国选秀达人苏珊大妈以及无数音乐人都曾翻唱过这首歌，但却无人能及她原唱的魅力。

很多电影，都喜欢通过这支金曲去渲染一个故事，像《移魂女郎》《与男孩同车》和脍炙人口的《海盗电台》。

韩寒，正是通过美剧《穹顶之下》发现它的。

韩寒的重新填词始终紧扣“告别”二字，仿佛就是在听他讲述“后会无期”的伤感事实。面对失去的残酷，却只能化成接受现实的结局，还来不及告白，就已承受了告别。

好的音乐，原本就可以脱离电影独立存在，像《滚滚红尘》，也像《匆匆那年》，而最好的旋律，却可以在适当的时候，表达任何还来不及说的情感，比如这首*The End of the World*（《世界末日》）。

半个世纪过去了，当耳畔重新响起了这段悲怆人心的旋律，你是否也会对这即将逝去的2014年，轻道一声“后会无期”。

陈百强，——未完成的绽放

文 / 李雅男

香港乐坛
有他在的十五年
是一段美好的回忆

时过境迁，
那拨听着《偏偏喜欢你》的年轻人
都早已在他的歌声里
安静地长大了

陈百强，如果只能用一个词来形容他的话，那非“完美”莫属。

完美的星座，精致的脸庞，无可挑剔的声线，甚至只有三十五岁就戛然而止的生命，以及来不及给娱乐圈留下任何可诟病的绯闻；当然，还有那完美的遗憾，在20世纪八九十年代没有留给内地听众的国语歌……

总之，关于他所有的一切都是短暂而璀璨的。

他是香港第一代偶像歌手。

彼时的陈百强真的很幸福，家里有钱，自己又事业有成，受尽万千宠爱，出尽风头，是很多同龄男子羡慕和嫉妒的对象。

的确，陈百强生于一个富裕之家，他的家庭情况也有些复杂，在所有兄妹中，他是母亲所生的唯一的男孩。从小学开始，他便爱上了音乐，最喜欢上的也是声乐课。他喜欢唱抒情歌曲，性格也因此沉静，靠着自己的努力进入香港乐坛，为此还终止了攻读大学的计划。

当熟悉的旋律《一生何求》响起时，你是否也被带回到那个重情重义的港剧盛行的年代呢?

这部曾被誉为全球最多华人收看的电视剧集《义不容情》，因为这样清澈的声音，把剧集经过沉淀的沧桑，以一种平淡的语调，有层次地表述出来。观看时，这声音带着淡淡的、看似漠然的哀伤，慢慢弥散至整个空间。

香港乐坛有他在的十五年是一段美好的回忆。

谁都无法掩饰一个曾经演绎无数经典、制造无数疯狂的天才歌手的风华。在他的歌声里，倾诉着人生对于爱情的种种完美与纯洁的向往和对现实的一些无奈。他曾自述道："最烦恼别人说他是含金汤匙出生，他以每一分钱都是自己赚来的为荣亦为苦，最敏感别人当他是公子哥儿。"

他在娱乐圈所获得的一切成就，都与他精致的性格相匹配。

他所开的每一场演唱会，也都是静静地歌唱，少了浮华，没有张狂，当真就是一个安静的美男子，微笑着吟唱自己。不知是天妒英才，还是流行于音乐圈中的一个魔咒，1993年10月25日，在昏迷了十七个月后，他猝然离开了人世。

想起他生前的好友林燕妮说过的：“陈百强的一生有如《一生何求》最末的一句——‘没料到我所失的竟是我的所有’。”她形容陈百强是“自毁式的悲剧人物”。

悲剧如何，天妒英才也罢，而今，他安静地躺在那里，犹如表达自己音乐般平和，就真的好。因为，那里再没有纷争，再没有较量，有的是无限绽放和自由，或许，这是对他这处女座的精致男子最好的释放，他不必再纠结不放，不必再抑郁颓废。

时过境迁，我想那拨儿当年听着《偏偏喜欢你》的年轻人，都早已在他的歌声里，安静地长大了吧。

只有他，和他的那些经典至极的歌声，永远年轻在那时光华。

成永恒，成永远！

2014年随橄榄树飘远，致——音乐大师李泰祥

文 / 李雅男

能唱好他作品的弟子
必然是深入心灵地
了解他创作意图的人

年末回首，遥望最初。

当很多人还沉浸在新年乍到的欢乐时，海峡那端传来噩耗。2014年1月2日，台湾音乐大师李泰祥在睡梦中微笑着安详离世，享年七十三岁。这位历经贫穷、战争、离乱，一路走来滋润台湾的本土浪漫骑士，静静地带走了无数人的台湾记忆。

认识李泰祥，从20世纪80年代一曲清新的《橄榄树》开始。

这首歌，经由齐豫特有的声音从遥远的地方飘到了大陆。起初没有人知道是谁唱的、谁写的。后来，三毛给了我们答案，在那些简陋的台湾校园歌曲簿里，我们第一次看到了李泰祥的名字。然而，在80年代席卷中国大陆的台湾流行歌曲热潮中，李泰祥这个名字却颇为冷场。他也曾笑称，自己一辈子都在靠弟子吃饭。

是这样吧，创作人，在任何一个时代都不会受到太多大众的关注。

然而李泰祥的贡献，是一曲曲经得起时间检验的电影音乐。

他的横空出世，改写了台湾流行音乐史。将文学带进音乐、将曲子融合古典与流行，甚至让艺术歌曲与民谣风味也并存不悖。

他欣赏女弟子们
音乐上的态度
她们都喜欢文学
带上了很浓郁的艺术气质

90年代，一张《李泰祥与他的女弟子》的双唱片合辑，让很多人重新认识了李泰祥。

借由这张作品，我们知晓了齐豫、叶倩文、潘越云、许景淳等日后很多传奇女歌手的音乐启蒙道路。如果你反复聆听，便可以揣摩出李泰祥创作的心思和情感的流速。这些女歌手都是他音乐交响乐章里的一根根五线谱，有着不同的光彩，却也有着相同的湿润——她们在歌声里流浪，从天空投下了云影，然后凝结出一块块春天的浮雕。

从仙气飘飘的齐豫到层次分明的叶倩文，从婉转缠绵的潘越云到典雅清亮的许景淳，就像电影大师们都有固定的女主角，一辈子御用到老，用固定的气场、情绪去讲不变的情致与意趣。大师的女弟子，就是他作品的化身。

李泰祥欣赏女弟子们音乐上的态度，她们都喜欢文学，带上了很浓的艺术气质。

也是。能唱好他作品的弟子，必然是深入心灵、了解他创作意图的人。

许多无法用言语表达的，音乐便是他最直接、最真挚的感受，而他留下的一首小诗，便也成为最坦白的宣泄。

巨人行行又行行，来到一处蔓蔓荒草地。
回想儿时，曾嬉戏跳跃在碧色如茵草地上，
并曾濯足于路边小溪，嘴角不禁露出儿时微笑。
儿时的歌声如清泉般甘澈清凉，我曾如斯。
失去的春之明媚，似已重新照临于我眼前。
巨人行行再行行……
回想儿时纯真无邪之情状，内心不觉碎然……

文/姜赛乔

十七岁的单车

或许，我们每个人的青春
都像那辆单车
充满朝气地期待每一次出发

千禧年的北京，自行车还是主要的代步工具，每天的早晚高峰，庞大的自行车队伍如游龙一般穿城而过，构成北京城的一道风景线。

故事就从一辆单车讲起。

十七岁的农村少年郭连贵初到北京打工，当上了一名快递员，等他赚足六百块，就可以把公司发给他的这辆银色变速单车变为己有。为了这个目标，他骑着这辆单车玩儿命的送件，然后不断地在小本子上写下“正”字，一横一竖地缩短与那六百块之间的距离。

对他而言，这已经不是一辆单车那么简单，这仿佛是他进入这座陌生城市的通行证，又仿佛是一份能被城里人看得起的尊严。

没想到功败垂成，就在六百块即将赚完的时候，阿贵把车弄丢了。

十七岁的小坚是个地道的胡同少年，父亲再婚后，家里多出了一个阿姨和一个妹妹，但钱并没见多起来。父亲一再许诺会给他买一辆越野单车又一再食言。在同学朋友间，男孩们都有自己的单车，他们飙车、炫特技，因为这样不仅很有面儿，还能吸引漂亮的女同学。小坚等不及了，于是他从家里偷了五百块钱买了一辆二手越野车，感觉自己终于能和朋友平起平坐，心仪的女孩儿也主动找上门，说他的车“真漂亮”。

可，没想到的是这辆二手车正是阿贵丢的那辆。

为了这辆单车，阿贵和小坚你争我夺，不知打了多少架，战斗的结果是一人骑一天，每天傍晚在胡同口交换。

最终，小坚情场失意，引来一场敌众我寡的恶战，来换车的阿贵也被卷入其中，两个人都被打得很惨，那辆心爱的单车也被砸了个稀巴烂，阿贵还是扛起了那辆被砸烂的单车，穿行过这座好像他永远也融不进的城市。

导演王小帅凭借这部《十七岁的单车》获得了柏林国际电影节最佳故事片评审团大奖，即银熊奖。可在国内却因未经审核就参加柏林电影节展映而被禁止公映，但这并不影响它成为一部以青春和成长为母题的经典之作。

或许，我们每个人的青春都像那辆单车，充满朝气地期待每一次出发。

只是，现实太残酷，出发之后的人生中充斥的各种欲望，都不会再如十七岁的单车那样简单。

但始终不变的，或许还是渴望被认同和接纳的卑微愿望吧！

只是，现实太残酷

出发之后的人生中充斥的各种欲望

都不会再如十七岁的单车那样简单

曾在莉莉周的梦里

文／姜赛乔

青春的残酷面
让人不禁唏嘘
最有生命力的东西往往也最脆弱

在日本的一个寻常小城里，一群少男少女刚刚开启他们的初中生活。

他们正处在懵懂与成熟之间的断层地带——难以跟父母交流，同伴之间尽管每天嬉笑打闹在一起，但内心仍各有各的孤独。

他们都爱着一位名叫莉莉周的女歌手。

少年莲见创立了关于莉莉周的网络社区，在这个虚拟的世界里，年轻的灵魂们受到莉莉周歌声的指引，以一种不存在的介质——“以太”（在希腊语当中，“以太”被认为是上天之神所呼吸的空气）为信仰，认为它是最纯洁的存在。

尽管小城的阳光总是灿烂晃眼，小城的铁路旁有大片大片油绿色的麦田，但十四岁的天空却被少年莲见形容成玫瑰色，鲜红如血的颜色。后来，嫉妒、崇拜、欺凌、偷窃、援交甚至性侵，这一切都在一呼一吸间发生了。

严井俊二，被中国影迷称为“日本的王家卫”。

2001年，这部由他编剧并执导的电影《关于莉莉周的一切》一经出品，即触动了无数人的心灵。

不同于其他青春体裁的影片，严井俊二用温柔舒缓的拍摄手法记录下了

总有没能缠绵一生的初恋
总有凭借努力仍然没能实现的梦想
总有许多生生世世的誓言最终没人为它实现

青春的残酷面。让人不禁唏嘘，最有生命力的东西往往也最为脆弱，比如孩子，比如人的内心，比如梦想，比如爱。

如果，你想急于占有这一切，结果可能是把它们亲手捏碎。

是啊，哪有尽是圆满的童话呢？

总有没能缠绵一生的初恋，总有凭借努力仍然不能实现的梦想，总有许下生生世世的誓言最终没有人为它执着到底。

但这一切终在十四五岁的阳光下被给予了宽恕和原谅。

你的青春是怎样的？

天空也是玫瑰色吗？有没有信仰过像“以太”一般虚空的纯粹？是不是也体验过那种没有翅膀的飞翔？

我们都想给自己懵懂的青春做一个恰当的比喻，但结果总是力不从心。

影片尾声处，荧幕上不断闪过少年们敲击下的对于“以太”的新的理解，他们开始正视那些无法挽回的伤痕和遗憾，决心继续接受成长并证明自己的存在。同时，麦田上，他们站在不同的方向，耳朵里灌满莉莉周一首首不同的歌，内心却保有同样的虔诚。

其实不出意外的，我们都会变成世故老成的大人。

在这个太过拥挤的年代，没有多余的空间容纳庞大的宣泄和逃离。他们在成长的路上也许仍会寂寞前行，会受伤，也会痊愈。

只希望，他们能永远在一个无所谓真实与否的世界里，守住一份最初的纯净。

查理与巧克力工厂

文/小钊

孩子和成年人
在这个故事里相互救赎
共同长大

河流里流淌着巧克力
糖果好像丛林
馋嘴的孩子们大概都幻想过
身处这样的世界

河流里流淌着巧克力，糖果好像丛林。馋嘴的孩子们大概都幻想过身处这样的世界。

威利·旺卡的巧克力工厂里正是这样一番景象。

查理只是个贫困家庭的小男孩，他像成千上万的孩子们那样喜欢威利·旺卡巧克力，渴望能够参观这座神秘的巧克力工厂，而当他有机会继承这一切时，他却在家庭和这个巧克力王国之间选择了自己贫寒的家。

巧克力工厂再诱人，也比不上家人的爱。

旺卡对查理的行为表示非常不理解，他从小痛恨专制的大人。

而年幼的查理却不这么认为，他希望旺卡明白，大人们总是规定孩子该做什么，是为了保护自己的孩子，那是爱的表现，而不是旺卡所认为的束缚。查理陪同巧克力工厂的主人威利·旺卡找到他年迈的父亲，旺卡的父亲通过牙齿认出了自己的儿子，这对父子之间多年的隔阂也终于消弭。

查理还是成为旺卡的继承人，而旺卡加入了查理的家庭。

查理收获了财富，旺卡收获了亲情。

小朋友查理，成年人威利·旺卡，是谁救赎了谁呢？

《查理与巧克力工厂》，是挪威籍英国儿童文学家罗尔德·达尔于1964年出版的儿童故事，在西方家喻户晓，曾经被改编成音乐剧在百老汇上演，两度被拍成电影登上大荧幕。

故事里的小朋友查理像成年人那样作出了无悔的选择，成年人威利·旺卡的身上却有孩童般的偏执，无论如何，我们有一个大团圆的结局。孩子和成年人，在这个故事里相互救赎、共同长大。

文 / 小钊

聪 明 的 一 休

我们所喜欢的那个一休
思考的时候会盘起双腿
闭上眼睛，俏皮地说
休息，休息 下

聪明的一休
即便不是真正的高僧大德
却是我们童年里
最为机智善良的小伙伴

“像一休一样聪明。”也许不仅是80后，连80后的父母们都曾经这么期望过。

安国寺的一休——这位幕府时代的日本小和尚，曾经风靡整个亚洲。他的机智、正义还有萌萌的大眼睛都为他赢得了大把的粉丝，那时的孩子们纷纷以一休作为自己的榜样。

还有善良的小叶子、鲁莽的新佑卫门、和蔼的长老、贪心的桔梗店老板和弥生小姐、骄傲的足利将军，他们鲜明的个性和充满哲理的动人故事也深深影响了一代人。

聪明的一休和尚，出生在日本幕府统治时期。

身为皇子的他年纪小小就出了家，平时他勤奋好学、热心助人，他的才智还常常令大人们佩服不已，更教会了小朋友们许多生活常识。

《聪明的一休》以日本历史上出名的“狂僧”一休宗纯为原型，由日本东映动画制作完成，20世纪80年代初期在中国播出，成为那个时代不多的几部动画之一。

动画中的一休故事，与真实历史中的一休有很大的出入，只有少部分依照了流传于民间的一休生平，大部分是东映动画编剧组根据其他高僧公案或东西方各国的机智故事安放在一休身上编创得来的。

真正的高僧一休其实是在二十五岁才获得了“一休”的名号，他在安国寺修行时并不叫这个名字。

我们所喜爱的那个一休小和尚——思考的时候会盘起腿来闭上眼睛，手指在头顶打转，会用单臂撑着头，俏皮地说：“休息，休息一下。”

即便不是真正的高僧大德，却是我们童年里最为机智善良的小伙伴，成为我们儿时记忆中最鲜明可爱的一部分。

文/小钊

流 星 花 园

当年的观众不会忘记
青春无敌的面孔、软软的台湾腔
曾经替我们在英德学院里
把梦想中的青春、爱情的各种可能
统统折腾了一遍

改编于神尾叶子漫画原著的台湾青春偶像剧《流星花园》，由男子团体F4、大S徐熙媛等主演。2001年播出，以平均6.99的收视率刷新台湾电视剧收视纪录，并把纪录一直保持到了2006年。

故事开始于一所超级私校，它是四大家族为培养优秀后代而创立的，身为四大家族继承人的F4在学生中的地位可想而知。平凡女孩杉菜，带着父母要她飞上枝头变凤凰的梦想来到这里，好友李真不小心恼怒了F4的首脑道明寺，引发杉菜为友情出头，从此展开了她与F4之间的爱恨情仇。

只是少男少女之间的情爱小事，却因为灰姑娘、豪门、三角恋、外形气质出众的青春阵容引爆了台湾青春偶像剧有史以来最大的成功。

2001年4月，《流星花园》在华视首播后迅速在全亚洲卷起狂潮。

据统计，至少有五亿人看过F4的演出，全世界有十六个国家和地区播放过《流星花园》。这部火热的剧集，令原本默默无闻的四位大男孩一夜成名，因为剧中角色的名气而组成了实际的演唱团体“F4”，杉菜的扮演者大S也一跃成为当年最炙手可热的一线女星。

很多国家和地区争相邀请剧中主角到访，用以提振当地的旅游业。

《流星花园》的巨大成功，在全亚洲引发的翻拍热潮至今未退，新的版本却再没能复制或超越2001年台湾版的轰动。

如流水的时光，让当年的亚洲天团“F4”步入中年，大S“杉菜”也已嫁作人妇，安心照料家中的下一代。

或许，90后、00后心中的“杉菜”“F4”已经另有其人了，但总有当年的观众不会忘记，有些青春无敌的面孔，有些软软的台湾腔曾经替我们在英德学院里把梦想中青春、爱情的各种可能统统折腾了一遍。

后记

Postscript

哪部电影票房又破十亿，哪首神曲一夜之间突然爆红，谁跟谁又怎样了……每天的耳边眼前都被这些充斥着，一边抱怨着这个世界太闹腾太堕落，一边又得在第一时间追赶着它，生怕落在了后面。

文艺之声的小青年们也一样，他们要娱乐、要逗比、要八卦，要用年轻人敏锐的触角日复一日的紧跟着时代的陀螺旋转！

谁又在乎谁心里在想着什么呢……

《文艺日记本》的产生来自几句闲聊，有人说：“我们用最新的形式来做做那些经典文艺作品的推荐吧！”“有人会喜欢听吗？”管它呢，先折腾一把再说……

于是，这形色各异的一帮人，聚在了一起。

小莫眼中的小青年：

李峙　听友们口中的“李师傅”。

大学学英语，高分拿下专八。却硬是折腾了一路，最终做了电台DJ。年纪轻轻，却有着一颗“老广播”的心。生活中温和没“气场”，一面对广播就来劲。

错过传统广播的黄金时期，却赶上互联网音频爆发的年代。网上只要能听广播的地方，就一定有《李峙的不老歌》，而且收听排名都是全国第一。有人说，怎么走哪儿都能听到他？

就是这个人，两年前却巴巴地来找我，说：“我能不能来文艺之声？我就想安安静静地做一个广播电台音乐DJ。”

在许多传统媒体人都纷纷全力奔向互联网的时候，这个本就在互联网上风生水起的人却想“拥抱传统”。他说，他心里有一个“央广情结”。

曹然　每天早晨6点前，她都必须赶到台里当早班编辑和导播。心里却装着勃拉姆斯、帕格尼尼、王小波和莱昂纳德.科恩。她给老科恩写的那封情书，真的让人看着泪奔。

来台三年之后，我才知道这个寡言少语的早班小妹早就过了小提琴10级和英语专业

8级……

宫伟　文艺之声外表与内心最相符的童鞋：光头，还留着胡子。最习惯与人沟通的方式是写信。他什么都能写：资讯、新闻评论、专题、电影、音乐……而且都写的还不错。

不过他的梦想是希望自己有一天能成为像昆汀一样牛逼的导演（我觉得有这个可能）

小马　年纪和我一般大，还在执着的坚持做一名单纯的主持人。

年轻时是修车工的段子已经被他讲烂了，现在再说，俨然成为励志的素材。

因为工作之便，他免费读了很多书，出版社、作家们都争相想上他的读书节目。因为别人家的读书节目都做死了，只有他的《品味书香》，活了十年，而且，跟他的人一样，越老越吃香！

黄欢　是我见过的最无心机的“天蝎座”美女。被她那著名的搭档大铭常在节目里调侃为73岁，身高1米2，却也总是呵呵一笑，淡然了之。看她写李宗盛，写理查德·林克莱特的“爱在三部曲”，才明了，还是大铭最了解她，千帆过尽的女子，拥有的是73岁老人的智慧与豁达，还有，1米2少女的纯情与浪漫。

小钊　办公室里最犀利的评论常常来自于她。上学时的辩论高材生，在广播里总是用性感的声音说着理性深刻的话语，可是在她整齐洁净的工装制服后却隐藏着一颗风情万种的心。熟悉N种鸡尾酒的调制方式，也熟悉家常菜的各种做法，对于真实的生活和热烈的爱，始终抱有不灭的好奇和奋不顾身的热情。

王雪　她是枚记者，每天为文艺圈儿和娱乐圈儿操碎了心的那种。

不过，按她自己的说法，她更喜欢那些古老的，有情怀的东西。这大概和她的经历有关。在20啷当岁的时候，她飞去了英国小住5年。后来，自己又跑遍了世界上五个大洲的40多个国家。曾经还在杂志上写着浮躁的旅行专栏。

她的报道里最长有的是那些散发着人文气息，和历史味道的东西。比如戏曲国乐，比如舞台艺术。
当然，爱旅行的姑娘性格不会太内向，有她在的地方就会很热闹。大概，她把所有的安静，都放在了文字里面吧？

刘宇迪　北京大男孩，拥有北京孩子的特性“贫”，看起来有点玩世不恭，跟谁都逗贫几句，跟谁都没太多正经，可是，你懂的，这样的男孩，看他写的字，你就会了解他有多内向多感性，有多招女孩喜欢……

乔乔　一个让我目瞪口呆的东北大妞，满身的名牌硬是能穿出女汉子的味道，看韩剧能看的又哭又笑，节目里也是笑声多于话语量的“二”妞……在日记本分工时，她却执着的要写“十七岁的单车”和“莉莉周”，而且写得如此内敛和神经质……不知为何，她的字和人，让我想起《梦旅人》里带着黑色天使翅膀的可可。

霍树正　北京大院里土生土长的90后，开过饭馆，说过相声，做过生意，干过主持。
常常口若悬河，滔滔不绝。拿起笔来，却大巧无工，斐然成章。
用他的话说，这是他的“范儿”。

李雅男　日记本里唯一一个隔壁班的女同学，没事就来文艺办公室，给绿植浇浇水，喜欢粉色和BLINGBLING的东西，有些癖好还实在让人费解……其实并没有什么人真正了解她，但这并不影响她带给我们快乐。

他们究竟是怎样一群人，日记本，也许可以给你答案……

文艺之声还有许许多多这些“表里不一或表里如一”的人，有了他们，也就有了我们这200多篇的“文艺日记本”，也就有了你现在从广播里听到的FM106.6文艺之声。

曾经怀疑，那些沉淀了几个世纪的大师们的经典，是不是在中国的当下，会被嘈杂与浮夸陨没掉？可总有人还迷恋他们吧，总有人还会崇尚高贵的灵魂吧！我相信，总有那些爱折腾的小青年们，会用各种各样的方法，让文艺永远传承……因为，只有这样，人类，才不会孤独！

特别感谢：“文艺日记本”有声版的播音：宝木中阳；
后期制作：张昊；
策　　划：周彬
还有一直纵容着我们折腾的李涛先生、魏胜利先生！

谨以此书献给文艺之声所有的小伙伴们！

大龄文艺女青年 小莫
（文艺之声 执行总监）
2015年7月29日

图书在版编目（CIP）数据

折腾吧，小青年 / 李峙，小马等著 . —北京 : 现代出版社 , 2015.9
ISBN 978-7-5143-4067-9

Ⅰ . ①折… Ⅱ . ①李… ②小… Ⅲ . ①人生哲学 – 青年读物Ⅳ . ① B821-49

中国版本图书馆 CIP 数据核字 (2015) 第 217231 号

作　　者　李　峙　小　马　等
责任编辑　张桂玲
出版发行　现代出版社
通讯地址　北京市安定门外安华里 504 号
邮政编码　100011
电　　话　010-64267325　64245264（传真）
网　　址　www.xdcbs.com
电子邮箱　xiandai@cnpitc.com.cn
印　　刷　鸿博昊天科技有限公司
开　　本　889×1194
印　　张　9
版　　次　2016 年 1 月第 1 版　2016 年 1 月第 1 次印刷
书　　号　ISBN 978-7-5143-4067-9
定　　价　39.80 元
